航空摄影光学镜头"Russar"图集

Atlas of Aerial
Photographic Lenses "Russar"

〔俄〕纳·阿·阿佳里曹娃 编著

魏光辉 译

科 学 出 版 社

北 京

内 容 简 介

本图册汇集了世界著名俄罗斯学者、广角航空摄影光学的奠基者，鲁西诺夫教授主持研究、设计的几乎全部航摄光学镜头"Russar"。图册给出了每种镜头的光学结构图及其主要像差曲线，附表则详尽列出每种镜头的设计参数(透镜曲率半径、光学材料等)。

本图册适用于从事光学系统设计与计算的专家、工程技术人员、大学教师和研究生，以及有兴趣于航空摄影的光学爱好者。

图书在版编目(CIP)数据

航空摄影光学镜头"Russar"图集＝Atlas of Aerial Photographic Lenses "Russar"/(俄罗斯)纳·阿·阿佳里曹娃编著；魏光辉译.—北京:科学出版社,2010

ISBN 978-7-03-027590-5

Ⅰ.①航… Ⅱ.①纳… ②魏… Ⅲ.①航空摄影-光学透镜-摄影镜头-图集 Ⅳ.①TB869-64

中国版本图书馆 CIP 数据核字(2010)第 088857 号

责任编辑:王志欣 耿建业 / 责任校对:郑金红
责任印制:赵博 / 封面设计:耕者设计工作室

科学出版社 出版
北京东黄城根北街 16 号
邮政编码: 100717
http://www.sciencep.com
天时彩色印刷有限公司 印刷

科学出版社发行 各地新华书店经销
*
2010 年 5 月第 一 版 开本:B5(720×1000)
2010 年 5 月第一次印刷 印张:14
印数:1—1 000 字数:258 000
定价:180.00 元
(如有印装质量问题,我社负责调换)

前　言

本图集详细介绍了航空摄影光学镜头"鲁萨尔(Russar)"。鲁萨尔(Russar)系列航摄光学镜头由米哈衣尔·米哈衣诺维奇·鲁西诺夫教授(1909～2004)领导的学术团队所设计,其中最具代表性的一百具镜头在本书出版公布,以此纪念鲁西诺夫教授一百周年诞辰。

北京理工大学魏光辉教授组织、筹划了本图册的出版。魏光辉熟知鲁西诺夫教授,私交甚密。他虽然未成为教授的直接弟子,但可以认为是间接学生,非常仰慕鲁西诺夫教授在航空摄影光学领域取得的卓越成就。20世纪90年代(1989年前后),鲁西诺夫教授曾多次受邀在北京和哈尔滨的高等学校、研究所讲学,展示了由苏联大地测量、航空摄影与制图学中央科学研究院列宁格勒光学实验室(Optical Laboratory, Central Scientific Research Institute of Surveying, Aerial Photography and Cartography)高级研究员纳·阿·阿佳里曹娃博士编辑出版的航空摄影光学镜头图集。虽然这一图集只给出了各种镜头的光学结构图,没有给出各个镜头的光学参数,但是它让看到这本镜头集的中国学者惊奇、激动,产生了获知其详细参数、进行学习和应用的愿望。本图集的出版实现了这一愿望。

本图集包含航空摄影光学镜头一百具;不仅给出每个镜头的光学系统结构图,而且在紧随的附表中给出其详细的设计参数(组成透镜的几何光学参数和光学材料参数)与像差曲线。所以,本图集不仅呈现了广角航空摄影光学的科学发展历程,而且,更为重要的是其学术价值。图集中每个镜头的表列数据将有助于我国光学学者通过本书学习鲁西诺夫学派的学术思想,研究他们设计和发展"Russar"航摄镜头的方法特点。更进一步,我国学者可借鉴本书中的数据,采用简单的比例缩放或者通过改变已有镜头的某些参数(增减透镜、改换透镜材料等)并通过电脑程序核算,设计出适用于新需求的光学镜头。

这里首先简要介绍鲁西诺夫教授率领他的学派发展广角航空摄影光学镜头的创造历程。鲁西诺夫教授是俄罗斯几何光学系统设计和系统计算学术领域的奠基者、俄罗斯学派的导师。鲁西诺夫教授于1934年设计了世界上第一个广角航空摄影镜头"Liar-6",1935年设计出"Russar-1",它们使航摄测地发生了真正的革命。用广角航摄光学镜头实施大地测绘以取代此前世界各国通常采用的将"分片"照相和多镜头照相法所获取的照片加以拼接,从而获取大面积测地图片的方法,极大地简化并加速了航摄测地的作业过程。

1939～1940年,基于鲁西诺夫教授所发明的系统,他的团队设计了"Russar-21～Russar-24"。此系列光学镜头的视场角达122°～140°,具有极佳的像场照度分布,其像场中心与周边的照度比值甚至可以优于朗伯定律（Lambert's law）。这一系列 Russar 光学镜头曾经申请了美国、英国和法国专利并应用于瑞典威尔德公司（Wild Company）的航摄装置样机。"Russar-29"是其中最具代表性的产品化光学镜头，其焦距 $f'=70\text{mm}$，视场角 $2\omega=122°$。此镜头的发明和应用实现了 20 世纪 50 年代中以 1∶100000（十万分之一）的比例对全苏联国土的测绘。利用"Russar-29"进行的测绘不仅快捷，而且其高分辨测绘精度也是当时全世界前所未有的。

航摄光学镜头的视场角大于 120°之后，引发出研究此类光学镜头像场内光强分布的理论，并由此设计出具有理想像场光强分布的新型镜头光学系统。鲁西诺夫教授及其团队为此所创造的新型光学系统是在常规镜头光学系统的入射端增添一个负透镜，其内表面为深度非球面，且其放大率远小于 1。利用这一新光学系统方案设计了超广角航摄镜头"Russar-32"（1947）、"Russar-38"（1953），其焦距 $f'=36\text{mm}$，视场角 $2\omega=148°$。最普及应用的镜头是"Russar-62"，其焦距 $f'=50\text{mm}$，视场角 $2\omega=136°$，1965 年研制成功。

上述独特性能的航摄光学镜头由于其优异的广角特性、更加均匀的像场光强分布（像场边缘照度可达像场中心照度的 23%），极高的成像质量，而举世无比。它们的实用价值则是其一次航拍能够完成大面积航摄影任务的可能性，因而在航摄大地测绘领域得到广泛应用。

航摄地图测绘步入中等和超大比例尺范围对光学镜头的成像质量和量度特性均大幅度地提高了要求。因此，为完善"Russar-29"航摄光学镜头进行了两个方向的改进：①使镜头中间部分的构成更加复杂化；②将镜头前端的新月形负透镜与主体部分分开。按照上述第一种改进方向曾于 1973 年成功设计出"Russar-71"物镜，其焦距 $f'=100\text{mm}$，视场角 $2\omega=103°$。按照第二种改进方向曾设计出"Russar-73"及"Russar-79"，其焦距 $f'=70\text{mm}$，$2\omega=120°$。

在本图集中我们还收集了"Russar"镜头系列中一些具有专门用途的镜头。例如专用于外层空间摄影的长焦距物镜"Russar-77"（$f'=3\text{m}$）、"Russar-78"（$f'=4.5\text{m}$）；用于处理航摄图片的洗印放大器镜头"Russar-70^{RF}"；用于大屏幕投影的高亮度（大相对孔径）广角投影物镜"Russar-82^{PR}"，其焦距 $f'=100\text{mm}$，50mm；特别应提及的是广角反射-透射式航摄镜头"Russar-66^{ML}"和"Russar-69^{ML}"，其焦距 $f'=70\text{mm}$，视场角 $2\omega=120°$，光学系统中采用了二阶非球面反射面，由此获得了近衍射极限的成像质量。本图册中最后几组镜头中最具代表性者当属航摄镜头"Russar-93"（$f'=100\text{mm}$，$2\omega=100°$），被增大的相对孔径为 1∶4.5。它采用了独特的非对称光学结构，从而严密地消除了畸变。

鲁西诺夫教授一生从事广角摄影物镜的发明和完善，他在这一领域的先行者地位和取得的成果为（俄罗斯）国内外所公认。1972 年他获得法国自然科学院以 E. Losseda 命名的国际科学奖。1982 年鲁西诺夫教授以其第三代、第四代和第五代测地制图光学镜头的研发成果获苏联最高级政府奖——列宁科学与技术奖。与此同时,他的学生与同事,纳·阿·阿佳里曹娃也获得列宁科学与技术奖。

　　本图集由纳·阿·阿佳里曹娃博士提供了全部资料,包括镜头光学系统、图表数据、像差曲线,并编辑成本书手稿。魏光辉教授负责将原俄文书稿译成中英文并促成本书在中国出版。深信,本图册将有益于从事光学系统设计、计算的专家,以及对此有兴趣的高校教师、研究生和光学爱好者。

　　北京理工大学光电学院李林教授审阅了全部书稿,提出了有益的修改与建议,特此致谢。

编　者

2010.2

had the angular field of view ranging from 122° to 140°and provided significantly better light distribution in the field of vision comparing to that of the Lambert's law. The optical scheme of these "Russar" lenses has been patented in the Great Britain, USA, and France. It was used as a prototype for Aviogon lenses of the Wild Company (Switzerland). The most marketable lens of the like schematic lens was "Russar-29" with focal length $f' = 70$mm and angular field of view $2\omega = 122°$. The invention of this lens made it possible to complete mapping of all USSR territory in scale 1 : 100000 by the midst of the 1950s. This was accomplished not only fast enough but also with high resolution quality that could not have been achieved before.

Enlargement of the view filed of that aerial photographic lenses above 120° called for further development of the light distribution theory and development of new lens structurs. This new design featured the installation in front of the lens of a negative lens with a deep inner aspheric surface and magnification ratio significantly lower than one. This new scheme was used for development of super wide-angle aerial photographic lenses "Russar-32" (1947) and "Russar-38" (1953), with $f' = 36$mm and $2\omega = 148°$. The most popular was lens "Russar-62" with $f' = 50$mm and $2\omega = 136°$ developed in 1965.

This unique lens was second to none in the world practice due to its outstanding wide angle properties and more uniform light distribution (off-axis illumination is 23% of the illumination in the centre) with considerably high image quality. Its main advantage lies in the possibility to capture large areas with only one shot. That is why it was widely used in aerial photography for geologic delineation.

The transition to middle-scaled and large-scaled cartography techniques required a sharp improvement of both representational and gauging properties of aerial photos. Modification of "Russar-29" lens series has been carried out in two directions, 1) by development of more sophisticated core component, and 2) by separation of the exterior negative meniscus (caps). Following the first direction, lens "Russar-71" ($f' = 100$mm and $2\omega = 103°$) developed in 1973 was the best design work. As to the second direction, the most distinguished were lenses "Russar-67", "Russar-73" and "Russar-79" with $f' = 70$mm and $2\omega = 120°$.

The Atlas also contains some schemes of special-purpose "Russar" lenses. For example, long telephoto lenses "Russar-77" ($f' = 3$m) and "Russar-78" ($f' = 4.5$m) have been designed for space/satellite observations. Reproduction lens "Russar-70^{RF}" was used in a photo transformer for processing aerial photos.

Wide-angle and high D/f' projection lenses "Russar-82^{PR}" with focal lengths 100mm and 50mm are designed for projection of transparencies to large screens. Wide-angle catadioptric aerial photographic lenses "Russar-66^{ML}" and "Russar-69^{ML}", with $f'=70$mm and $2\omega= 120°$, are a kind of special case as they make use of aspheric specular surfaces of the second order by virtue of which images have received practically diffraction limited quality. One of the last lenses shown in the Atlas is worthy as well. It is aerial photographic lens "Russar-93" ($f'=100$mm and $2\omega=100°$) with an enlarged aperture ratio 1 :4. 5. This lens has a specific scheme of asymmetric type but, at the same time, it is a strictly distortion-corrected lens.

Invention and modification of wide angle aerial photographic lenses were the lifework of Mikhail Mikhailovich Rusinov. The priority and significance of his works in this area has been recognized abroad as well. In 1972, he was honoured with the E. Losseda international award of the French Academy of Sciences. In 1982, M. M. Rusinov(Research Director) received the highest government decoration in the USSR, Lenin Prize in Science and Technology, for development of lenses of the third, forth and fifth generations used in cartography. At the same time, N. A. Agal'tsova, his follower and colleague, also became the Lenin Prize winner.

The Atlas has been compiled by N. A. Agal'tsova (schemes, diagrams, graphics, appendix,and foreword) and Wei Guang hui (translation into English, editorial and publishing issues). We hope that the Atlas will be of great use and interest for experts dealing with design and development of optic systems, university teachers and undergraduates.

Authers of this book are grateful to Professor Li Lin of Optical Electronics College, Beijing Institute of Technology. He attentively read and revised the manuscript of this book and gave useful comments and suggestions.

缩写及符号表
（Abbreviations and Symbols Table）

Astigm.	astigmatism	像散
Aspher.	aspherical	非球形
A. d.	aperture diaphragm	孔径光阑
chrom. aber.	chromatic aberation	色差

C spectral line of $\lambda_C = 656.2$nm

$\lambda_C = 656.2$nm 光谱线

C' spectral line of $\lambda_{C'} = 644$nm

$\lambda_{C'} = 644$nm 光谱线

d air separation between component lenses

组成透镜之间的空气间隔

D spectral line of $\lambda_D = 589.6$nm

$\lambda_D = 589.6$nm 光谱线

e spectral line of $\lambda_e = 546$nm

$\lambda_e = 546$nm 光谱线

f' focal length(effective)

名义焦距(后主面至后焦点之间的距离)

F spectral line of $\lambda_F = 486.1$nm

$\lambda_F = 486.1$nm 光谱线

F' spectral line of $\lambda_{F'} = 480$nm

$\lambda_{F'} = 480$nm 光谱线

h hight of parallel entrance ray

平行入射光线高度

ML   mirro-lens composited(lens)

反射镜-透镜组成的物镜

n non-spherical(lens)

具有非球面组成透镜的物镜

n_C refractive index of spectral line $\lambda_C = 656.2$nm

$\lambda_C = 656.2$nm 红光谱线折射率

n_D refractive index of Natrium spectral line $\lambda_D = 589.3$nm

钠黄光($\lambda_D = 589.3$nm)折射率

n_F refractive index of spectral line $\lambda_F = 486.1$ nm

$\lambda_F = 486.1$ nm 蓝光谱线折射率

PR	projection(lens) 投影镜头	
r	curvature radius of spherical surfaces of lenses 透镜球面曲率半径	
RF	reproductive photo-transformer(lens) 洗印放大器镜头	
Spher. aber.	spherical aberation 球差	
$S'_{F'}$	second vertex focal length 后截距(物镜最后一个球面顶点至后焦点的距离)	
x	concentrical(lens) 具有中心对称结构的物镜	
y'_{pr}	image hight($y'_{pr} = f' \times \tan\omega$)of principal ray 主光线像高	
Z_S	sagittal focal plane 弧矢焦面	
Z_t	tangential focal plane 子午焦面	
ν_D	Abbe number, $\nu_D = \dfrac{n_D - 1}{n_E - n_C}$ 阿贝数,光学材料色散 $n_F - n_C$ 的倒数表示	
ϕ_D	(1)aperture diameter of lenses 透镜的通光孔径 (2)diameter of A. d. 孔径光阑的直径	
ω	half field anqle of view 半视场角(视场边缘光线与光轴之间的夹角)	

目　　录

"Russar-1"物镜
(Objective Lens "Russar-1")

$f' = 97.335$ $S'_{F'} = 75.499$ $2\omega = 110°$ $D/f' = 1 : 5.7$

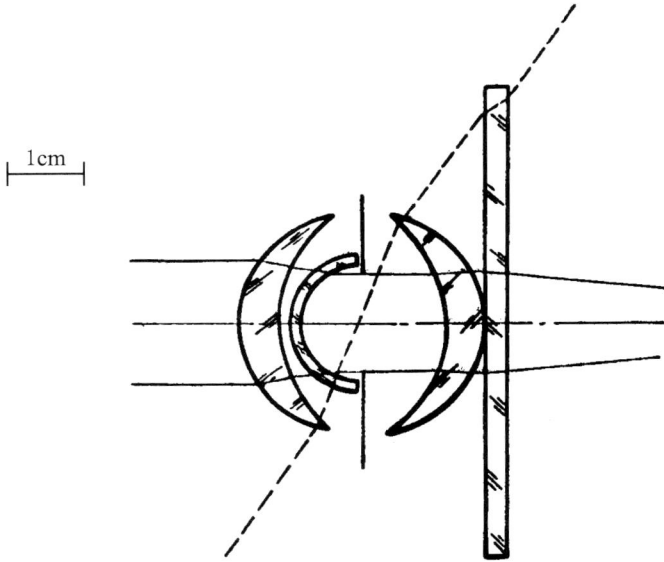

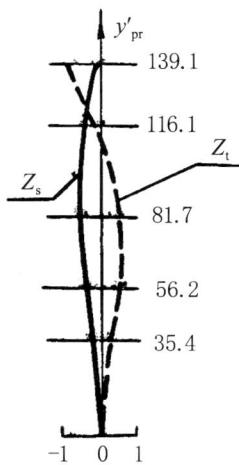

球差 (Spher.aber.)	像散 (Astigm.)	畸变 (Distortion)	垂轴色差 (Lateral chrom. aber.)

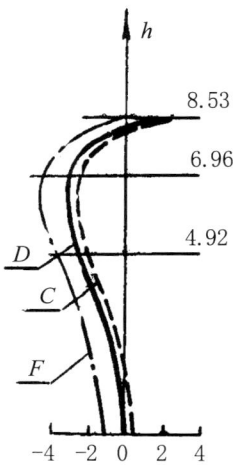

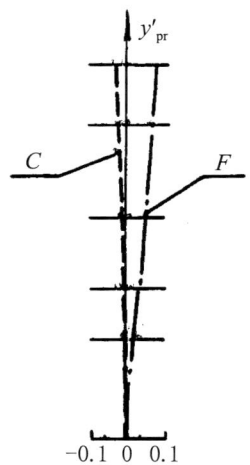

"Russar-1"镜头结构参数
(Constructive Dates of "Russar-1")

表 1

(Table 1)

透镜表面序号 (Surface No.)	r	d	n_D	ν_D	玻璃牌号 (Sort of glass)	ϕ_D
1	15.00					29.58
2	18.535	5.0	1.5100	63.35	K3	29.68
3	9.73	1.4	1			19.30
4	8.162	1.59	1.6475	33.86	TF1	16.26
5	−18.535	19.31	1			29.18
6	−15.00	5.0	1.5100	63.35	K3	29.42
7	∞	0.0	1			61.42
8	∞	2.8	1.5163	64.05	K8	64.98

$f'=97.335$；$S'_{F'}=75.499$

孔径光阑距第 4 表面 8.16mm,直径 $\phi_D=13.08$mm

(A. d. at 8.16mm from the 4th surface, $\phi_D=13.08$mm)

3

"Russar-2"物镜
(Objective Lens "Russar-2")

$$f' = 99.843 \quad S'_{F'} = 68.410 \quad 2\omega = 110° \quad D/f' = 1 : 5$$

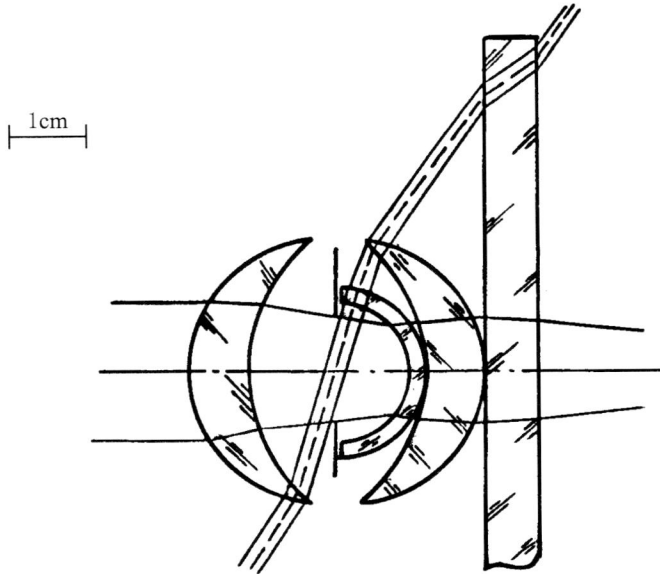

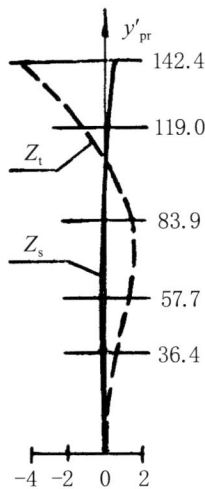

球差 （Spher.aber.）	像散 （Astigm.）	畸变 （Distortion）	垂轴色差 （Lateral chrom. aber.）

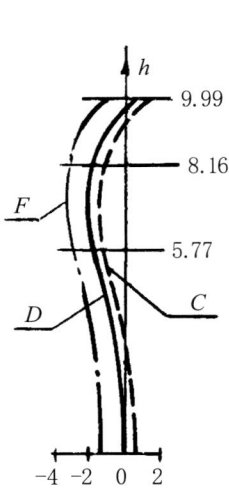

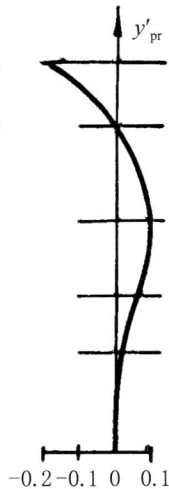

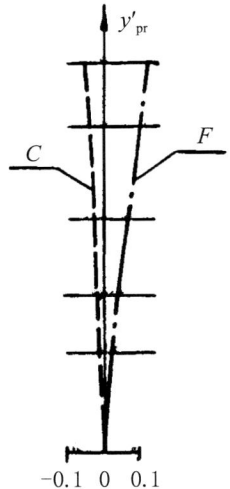

"Russar-2"镜头结构参数
(Constructive Dates of "Russar-2")

表 2

(Table 2)

透镜表面序号 (Surface No.)	r	d	n_D	ν_D	玻璃牌号 (Sort of glass)	ϕ_D
1	18.86					37.40
2	25.28	8.18	1.5100	63.35	K3	37.26
3	−9.69	21.97	1			19.10
4	−12.216	2.53	1.6199	36.33	F13	24.02
5	−25.28	0.06	1			37.02
6	−18.86	8.18	1.5100	63.35	K3	37.34
7	∞	0.0	1			82.54
8	∞	8.3	1.5163	64.05	K8	93.08

$f'=99.843$；$S'_{F'}=68.410$

孔径光阑距第 2 表面 12.3mm,直径 $\phi_D=14.53$mm

(A. d. at 12.3mm from the 2th surface, $\phi_D=14.53$mm)

"Russar-3"物镜
(Objective Lens "Russar-3")

$f'=134.9$　$S'_{F'}=108.5$　$2\omega=90°$　$D/f'=1 : 3.5$

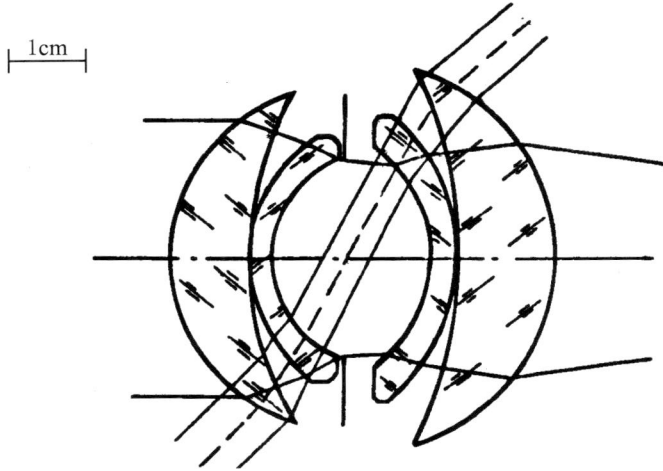

球差 （Spher.aber.）	像散 （Astigm.）	畸变 （Distortion）	垂轴色差 （Lateral chrom. aber.）

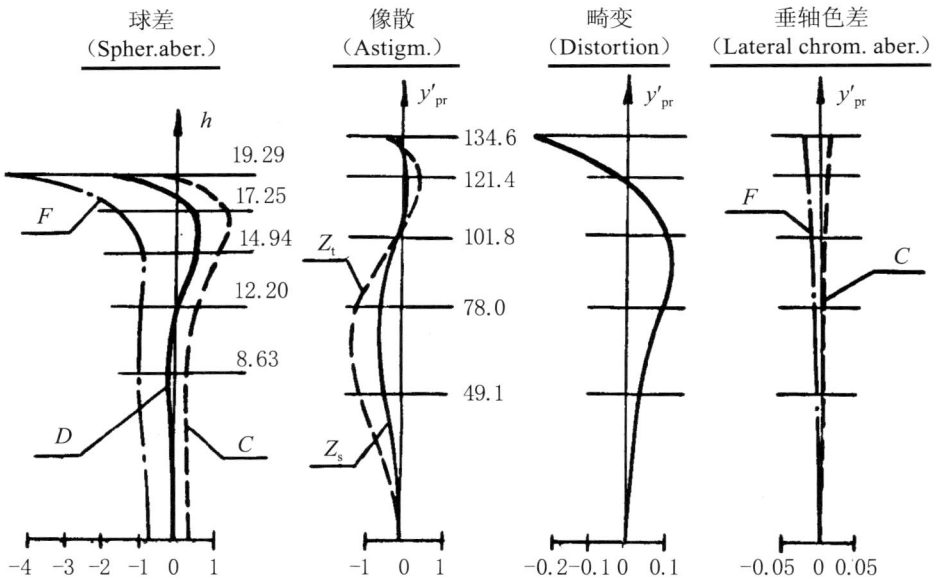

"Russar-3"镜头结构参数
(Constructive Dates of "Russar-3")

表 3

(Table 3)

透镜表面序号 (Surface No.)	r	d	n_D	ν_D	玻璃牌号 (Sort of glass)	ϕ_D
1	24.00					44.96
2	47.12	10.22	1.5163	64.05	K8	44.42
3	21.34	0.0	1			32.96
4	15.11	2.67	1.6199	36.33	F13	25.60
5	−19.03	21.34	1			29.68
6	−26.86	3.36	1.6199	36.33	F13	38.04
7	−59.69	0.0	1			49.66
8	−27.38	12.87	1.5163	64.05	K8	51.20

$f' = 134.903$; $S'_{F'} = 108.460$

孔径光阑距第 4 表面 10.0mm,直径 $\phi_D = 25.2$mm

(A. d. at 10.0mm from the 4th surface, $\phi_D = 25.2$mm)

"Russar-5"物镜
(Objective Lens "Russar-5")

$$f' = 135.286 \quad S'_{F'} = 113.105 \quad 2\omega = 90° \quad D/f' = 1 : 4.5$$

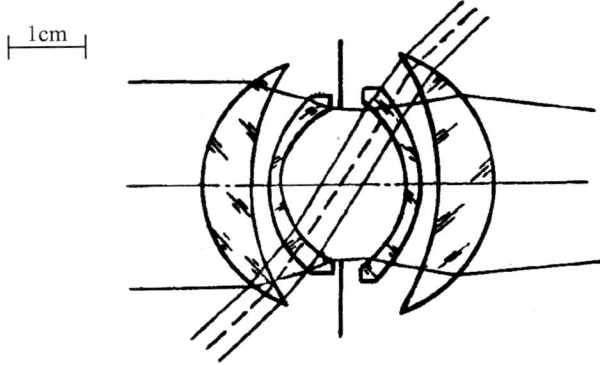

球差 (Spher.aber.)	像散 (Astigm.)	畸变 (Distortion)	垂轴色差 (Lateral chrom. aber.)

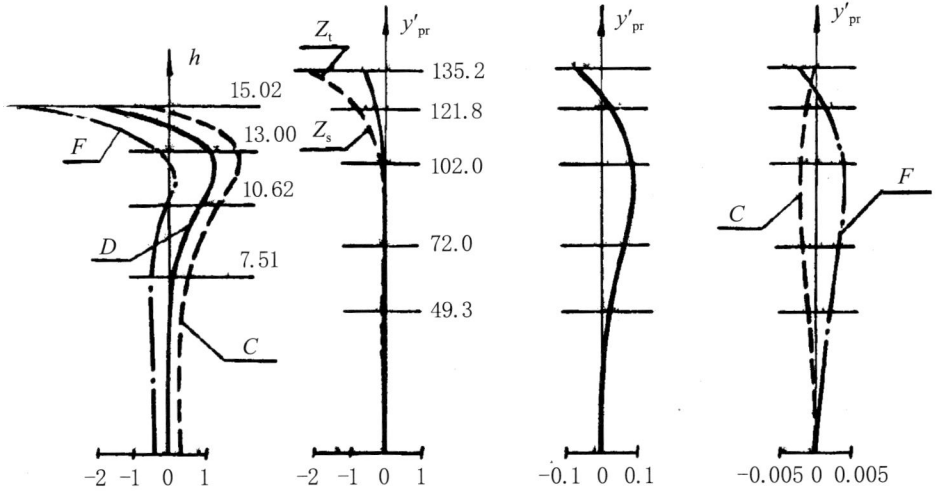

"Russar-5"镜头结构参数
(Constructive Dates of "Russar-5")

表 5

(Table 5)

透镜表面序号 (Surface No.)	r	d	n_D	ν_D	玻璃牌号 (Sort of glass)	ϕ_D
1	19.03					34.28
2	32.82	6.68	1.5163	64.05	K8	33.18
3	17.18	2.24	1			23.50
4	12.69	1.49	1.6199	36.33	F13	19.46
5	−14.33	17.8	1			21.58
6	−19.39	1.69	1.6199	36.33	F13	26.02
7	−36.97	2.53	1			36.62
8	−20.48	7.54	1.5163	64.05	K8	37.38

$f' = 135.286$; $S'_{F'} = 113.105$

孔径光阑距第 4 表面 8.35mm，直径 $\phi_D = 19.04$mm

(A. d. at 8.35mm from the 4th surface, $\phi_D = 19.04$mm)

"Russar-7"物镜
(Objective Lens "Russar-7")

$f' = 148.639 \quad S'_{F'} = 123.725 \quad 2\omega = 80° \quad D/f' = 1 : 4.7$

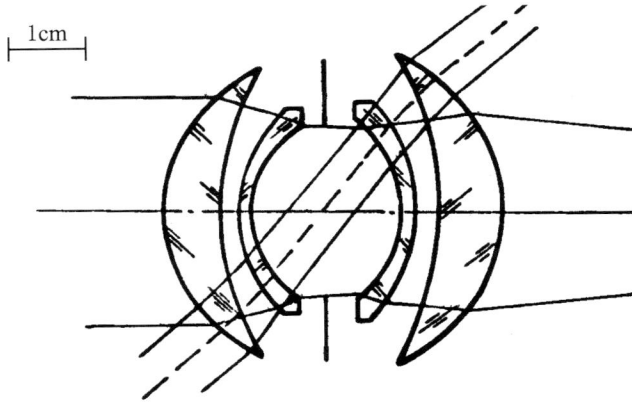

球差 (Spher.aber.)	像散 (Astigm.)	畸变 (Distortion)	垂轴色差 (Lateral chrom. aber.)

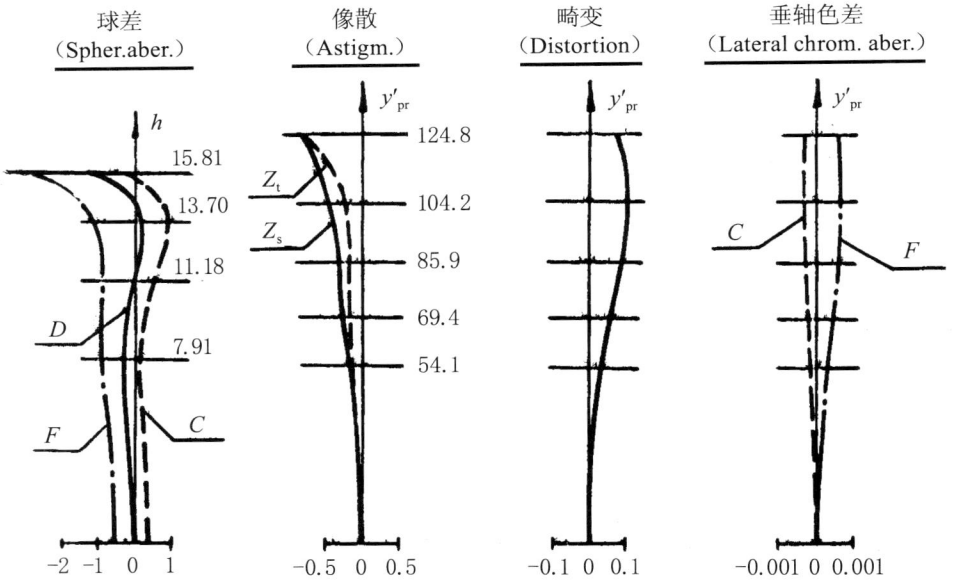

14

"Russar-7"镜头结构参数
(Constructive Dates of "Russar-7")

表 7

(Table 7)

透镜表面序号 (Surface No.)	r	d	n_D	ν_D	玻璃牌号 (Sort of glass)	ϕ_D
1	21.37					38.26
		7.5	1.5163	64.05	K8	
2	36.86					36.94
		2.51	1			
3	19.21					26.96
		1.68	1.6199	36.33	F13	
4	14.24					23.72
		19.92	1			
5	−16.09					24.30
		1.89	1.6199	36.33	F13	
6	−21.77					29.00
		2.84	1			
7	−41.65					39.42
		8.47	1.5163	64.05	K8	
8	−22.94					41.02

$f' = 148.639$；$S'_{F'} = 123.725$

孔径光阑距第 4 表面 9.38mm，直径 $\phi_D = 23.33$mm

(A. d. at 9.38mm from the 4th surface，$\phi_D = 23.33$mm)

"Russar-8"物镜
(Objective Lens "Russar-8")

$$f' = 100.346 \quad S'_{F'} = 85.213 \quad 2\omega = 100° \quad D/f' = 1 : 5.7$$

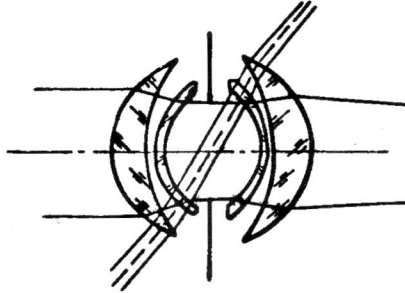

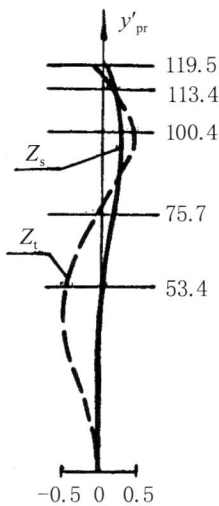

球差 (Spher.aber.)	像散 (Astigm.)	畸变 (Distortion)	垂轴色差 (Lateral chrom. aber.)

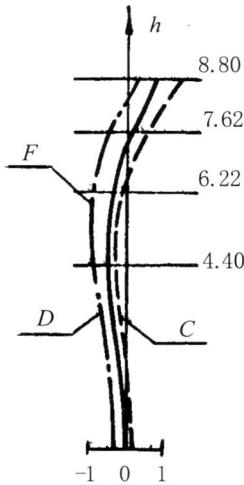

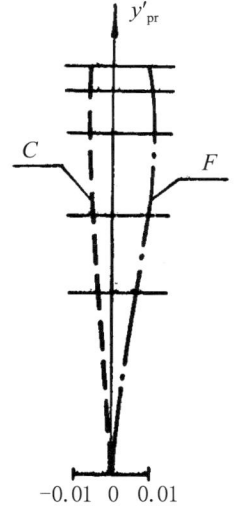

"Russar-8"镜头结构参数
(Constructive Dates of "Russar-8")

表 8

(Table 8)

透镜表面序号 (Surface No.)	r	d	n_D	ν_D	玻璃牌号 (Sort of glass)	ϕ_D
1	12.216					23.18
		4.55	1.5163	64.05	K8	
2	18.74					22.92
		1.2	1			
3	10.88					16.72
		0.62	1.6199	36.33	F13	
4	8.44					14.30
		12.91	1			
5	−9.28					15.52
		0.68	1.6199	36.33	F13	
6	−11.97					18.12
		1.32	1			
7	−20.645					24.78
		5.01	1.5163	64.05	K8	
8	−13.10					24.94

$f' = 100.346$; $S'_{F'} = 85.213$

孔径光阑距第 4 表面 6.14mm,直径 $\phi_D = 13.37$mm

(A. d. at 6.14mm from the 4th surface, $\phi_D = 13.37$mm)

"Russar-9"物镜
(Objective Lens "Russar-9")

$$f' = 209.757 \quad S'_{F'} = 175.466 \quad 2\omega = 65° \quad D/f' = 1 : 5.2$$

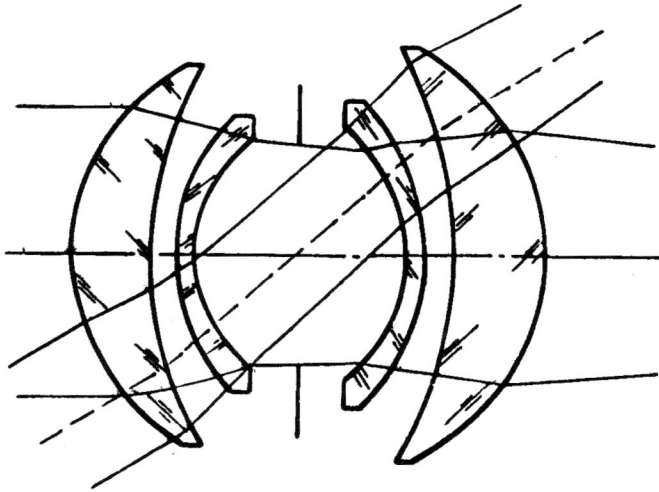

球差 （Spher.aber.）	像散 （Astigm.）	畸变 （Distortion）	垂轴色差 （Lateral chrom. aber.）

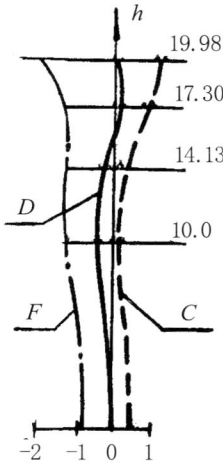
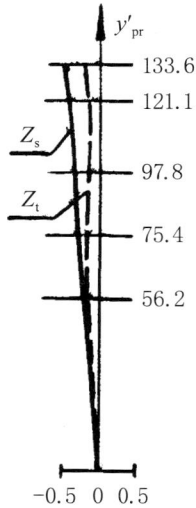
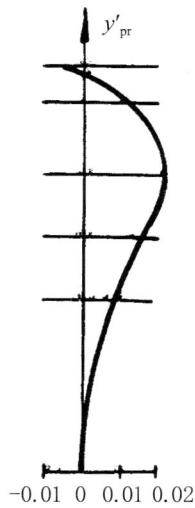
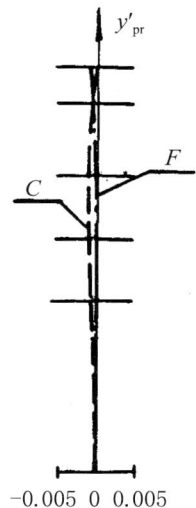

"Russar-9"镜头结构参数
(Constructive Dates of "Russar-9")

表 9

(Table 9)

透镜表面序号 (Surface No.)	r	d	n_D	ν_D	玻璃牌号 (Sort of glass)	ϕ_D
1	30.15					48.80
2	51.97	10.57	1.5163	64.05	K8	43.98
3	27.16	3.54	1			33.70
4	20.08	2.36	1.6199	36.33	F13	30.58
5	−22.69	28.01	1			30.74
6	−30.70	2.67	1.6199	36.33	F13	35.92
7	−58.72	4.0	1			46.40
8	−32.24	11.94	1.5163	64.05	K8	52.00

$f' = 209.757$；　$S'_{F'} = 175.466$

孔径光阑距第 4 表面 13.23mm，直径 $\phi_D = 29.91$mm

(A. d. at 13.23mm from the 4th surface, $\phi_D = 29.91$mm)

"Russar-10"物镜
(Objective Lens "Russar-10")

$f' = 209.759$ $S'_{F'} = 177.960$ $2\omega = 65°$ $D/f' = 1 : 5.5$

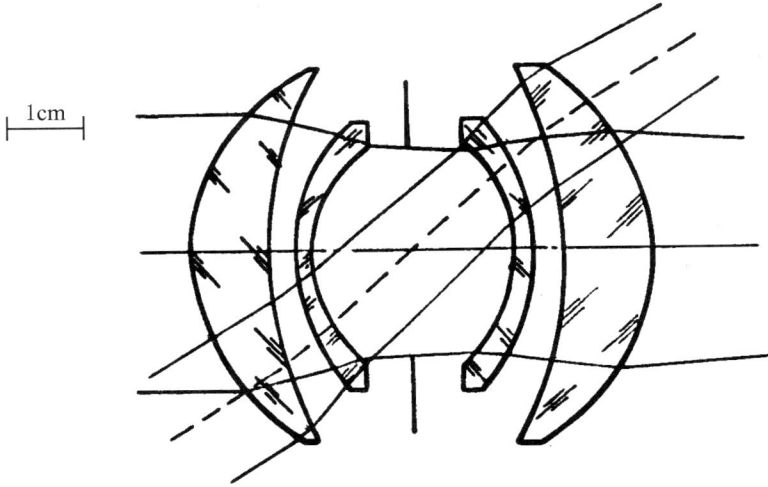

球差	像散	畸变	垂轴色差
(Spher.aber.)	(Astigm.)	(Distortion)	(Lateral chrom. aber.)

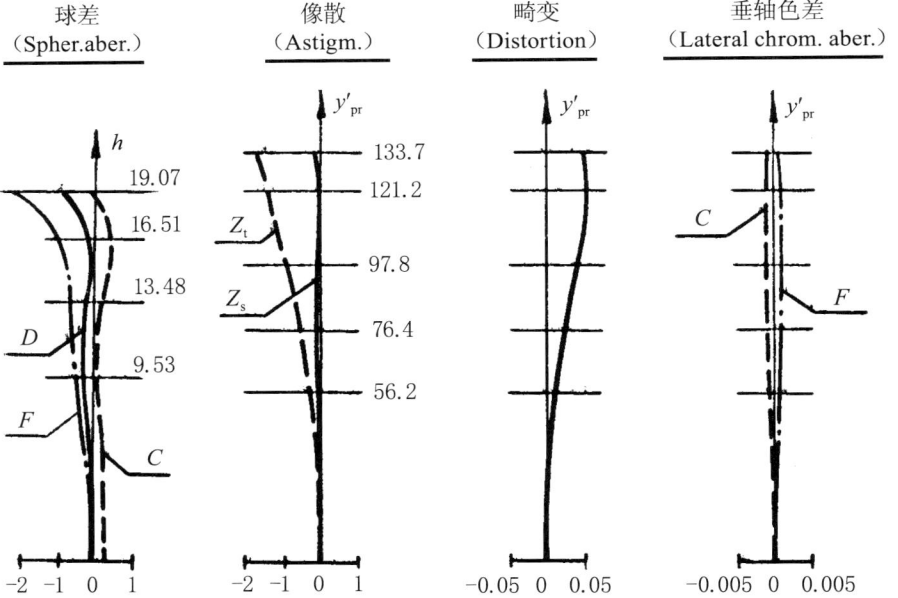

"Russar-10"镜头结构参数
(Constructive Dates of "Russar-10")

表 10

(Table 10)

透镜表面序号 (Surface No.)	r	d	n_D	ν_D	玻璃牌号 (Sort of glass)	ϕ_D
1	29.10					49.12
2	50.48	10.27	1.5163	64.05	K8	45.32
3	26.39	3.44	1			34.72
4	19.50	2.32	1.6475	33.86	TF1	29.46
5	−21.45	26.84	1			30.56
6	−29.02	2.52	1.6475	33.86	TF1	35.76
7	−55.52	3.79	1			46.24
8	−30.44	11.29	1.5163	64.05	K8	50.70

$$f' = 209.759; \quad S'_{F'} = 176.960$$

孔径光阑距第 4 表面 12.83mm，直径 $\phi_D = 28.52$mm

(A. d. at 12.83mm from the 4th surface, $\phi_D = 28.52$mm)

"Russar-13"物镜
(Objective Lens "Russar-13")

$$f' = 100.291 \quad S'_{F'} = 72.739 \quad 2\omega = 103° \quad D/f' = 1 : 5$$

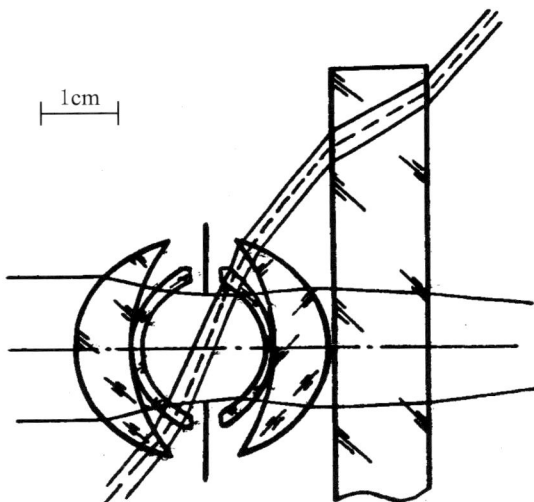

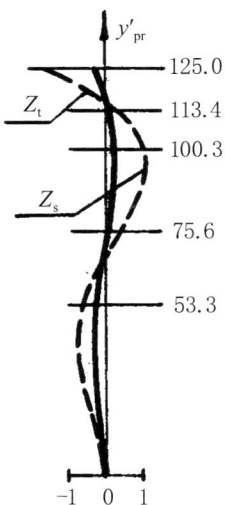

球差 （Spher.aber.）	像散 （Astigm.）	畸变 （Distortion）	垂轴色差 （Lateral chrom. aber.）

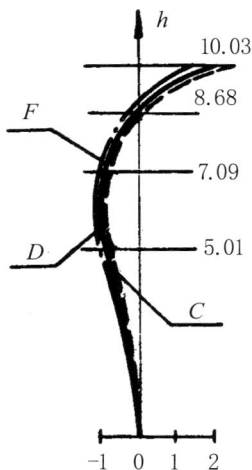

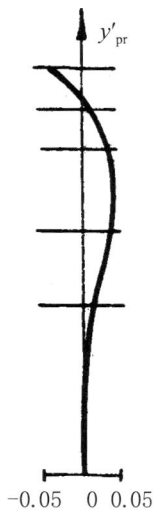

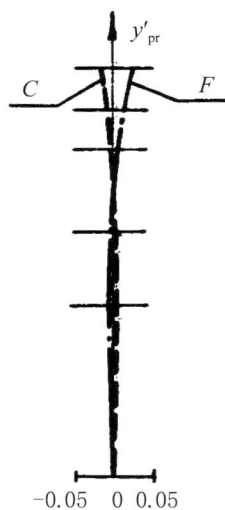

"Russar-13"镜头结构参数
(Constructive Dates of "Russar-13")

表 11

(Table 11)

透镜表面序号 (Surface No.)	r	d	n_D	ν_D	玻璃牌号 (Sort of glass)	ϕ_D
1	14.83					29.18
2	22.87	6.95	1.5163	64.05	K8	29.14
3	12.165	0.03	1			21.34
4	9.85	0.87	1.7172	29.50	TF3	18.18
5	−9.85	16.05	1			18.08
6	−12.165	0.87	1.7172	29.50	TF3	21.18
7	−22.87	0.03	1			28.72
8	−14.83	6.95	1.5163	64.05	K8	29.08
9	∞	0.6	1			59.84
10	∞	12.17	1.6199	36.33	F13	73.12

$f'=100.291$; $S'_{F'}=72.739$

孔径光阑距第 4 表面 8.02mm,直径 $\phi_D=14.72$mm

(A. d. at 8.02mm from the 4th surface, $\phi_D=14.72$mm)

"Russar-15"物镜
(Objective Lens "Russar-15")

$$f'=99.971 \quad S'_{F'}=62.332 \quad 2\omega=100° \quad D/f'=1:3.7$$

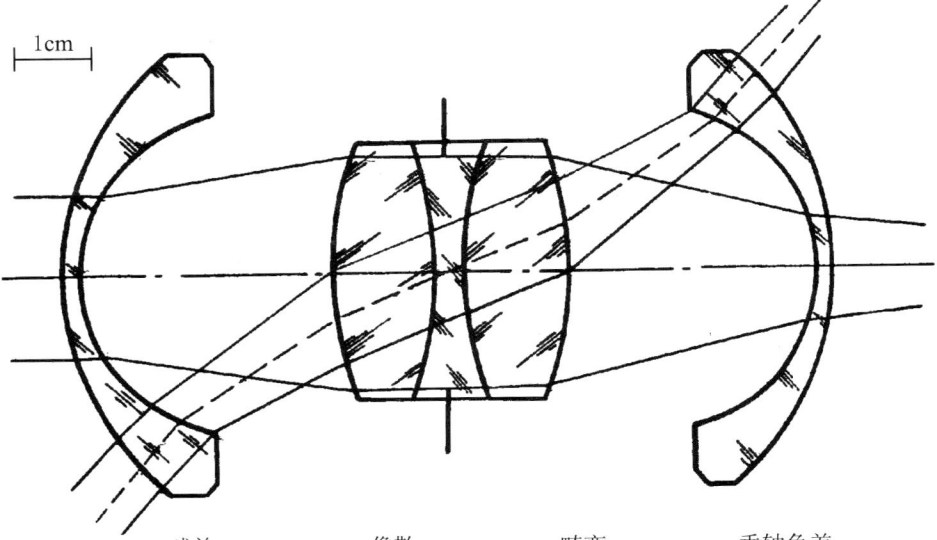

1cm

球差	像散	畸变	垂轴色差
(Spher.aber.)	(Astigm.)	(Distortion)	(Lateral chrom. aber.)

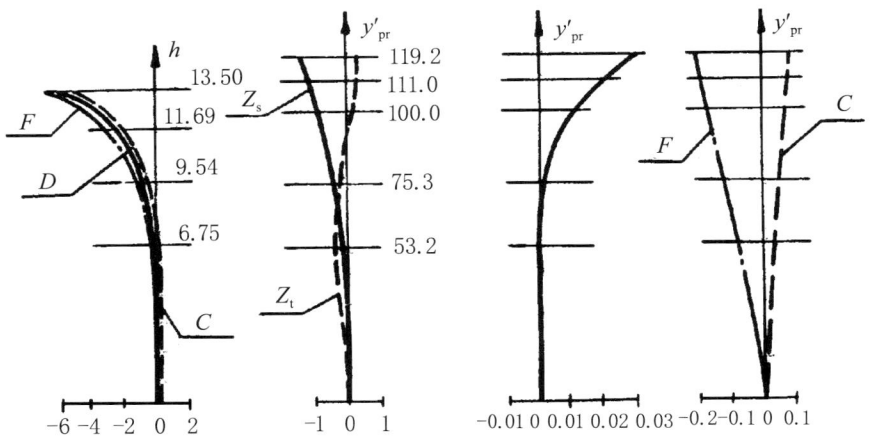

"Russar-15"镜头结构参数
(Constructive Dates of "Russar-15")

表 12

(Table 12)

透镜表面序号 (Surface No.)	r	d	n_D	ν_D	玻璃牌号 (Sort of glass)	ϕ_D
1	47.29					69.54
		2.61	1.6126	58.34	TK16	
2	26.67					51.82
		39.15	1			
3	62.01					39.22
		16.22	1.6126	58.34	TK16	
4	−65.26					38.68
		4.18	1.6128	36.93	F1	
5	65.26					38.16
		16.22	1.6126	58.34	TK16	
6	−62.01					37.62
		39.15	1			
7	−26.67					51.36
		2.61	1.6126	58.34	TK16	
8	−47.29					68.04

$f' = 99.971$; $S'_{F'} = 62.332$

孔径光阑距第 4 表面 2.1mm,直径 $\phi_D = 38.42$mm

(A. d. at 2.1mm from the 4th surface, $\phi_D = 38.42$mm)

"Russar-16"物镜
(Objective Lens "Russar-16")

$$f' = 60.762 \quad S'_{F'} = 49.916 \quad 2\omega = 126° \quad D/f' = 1:12$$

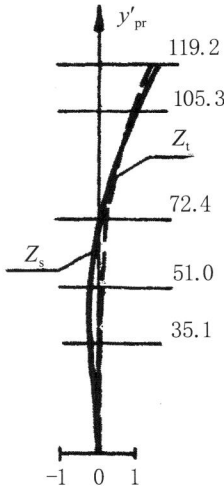

球差 (Spher.aber.)	像散 (Astigm.)	畸变 (Distortion)	垂轴色差 (Lateral chrom. aber.)

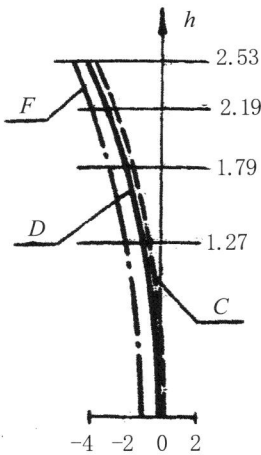

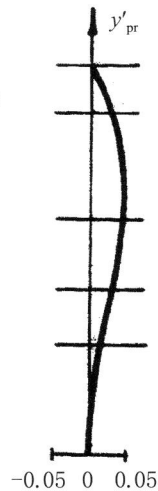

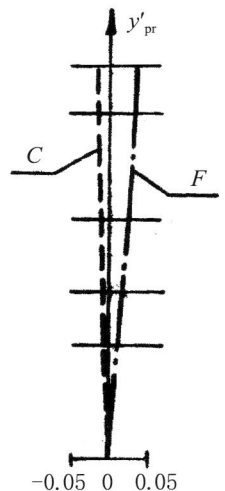

"Russar-16"镜头结构参数
(Constructive Dates of "Russar-16")

表 13

(Table 13)

透镜表面序号 (Surface No.)	r	d	n_D	ν_D	玻璃牌号 (Sort of glass)	ϕ_D
1	8.67					17.12
		2.52	1.6126	58.34	TK16	
2	9.34					16.42
		0.29	1			
3	6.31					12.40
		0.51	1.6475	33.86	TF1	
4	5.80					11.40
		12.4	1			
5	−9.34					16.58
		2.52	1.6126	58.34	TK16	
6	−8.65					17.14

$f'=60.762$; $S'_{F'}=49.916$

孔径光阑距第 4 表面 5.7mm,直径 $\phi_D=4.08$mm

(A. d. at 5.7mm from the 4th surface,$\phi_D=4.08$mm)

"Russar-17"物镜
(Objective Lens "Russar-17")

$f' = 99.842 \quad S'_{F'} = 75.630 \quad 2\omega = 104° \quad D/f' = 1 : 5.6$

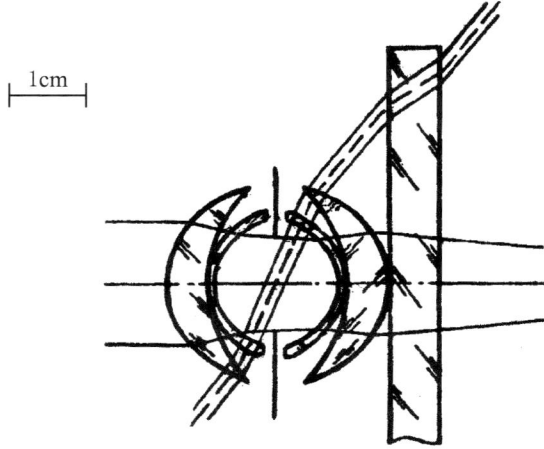

球差 (Spher.aber.)	像散 （Astigm.）	畸变 （Distortion）	垂轴色差 (Lateral chrom. aber.)

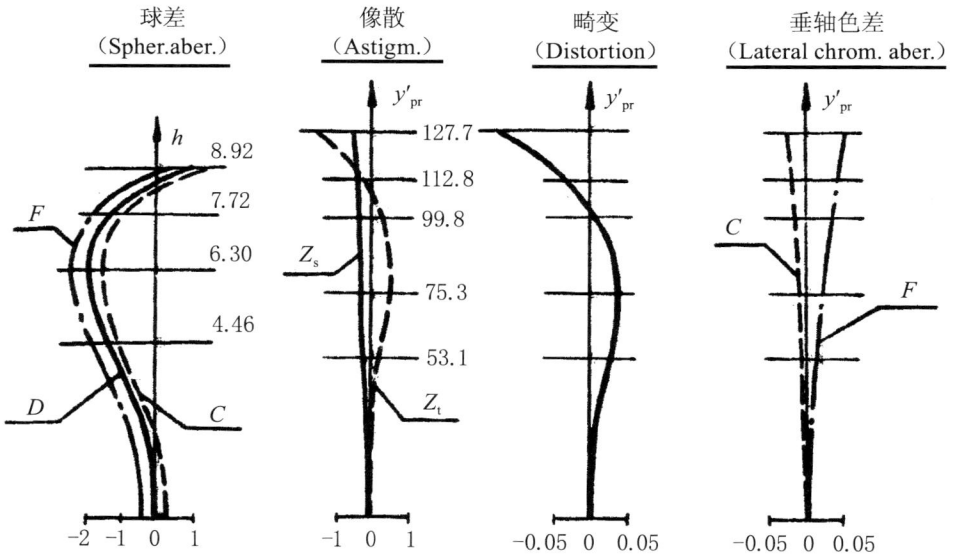

28

"Russar-17"镜头结构参数
(Constructive Dates of "Russar-17")

表 14

(Table 14)

透镜表面序号 (Surface No.)	r	d	n_D	ν_D	玻璃牌号 (Sort of glass)	ϕ_D
1	14.36					27.92
		5.49	1.5163	64.05	K8	
2	20.17					27.76
		0.28	1			
3	11.21					20.44
		0.84	1.7172	29.50	TF3	
4	9.53					17.90
		17.82	1			
5	−9.53					17.86
		0.84	1.7172	29.50	TF3	
6	−11.21					20.36
		0.28	1			
7	−20.17					27.56
		5.49	1.5163	64.05	K8	
8	−14.36					27.86
		0.56	1			
9	∞					56.54
		7.0	1.5163	64.05	K8	
10	∞					64.98

$f' = 99.842$；　$S'_{F'} = 75.630$

孔径光阑距第 4 表面 8.91mm,直径 $\phi_D = 13.6$mm

(A. d. at 8.91mm from the 4th surface, $\phi_D = 13.6$mm)

"Russar-18"物镜
(Objective Lens "Russar-18")

$$f' = 209.381 \quad S'_{F'} = 173.880 \quad 2\omega = 93°20' \quad D/f' = 1 : 5.5$$

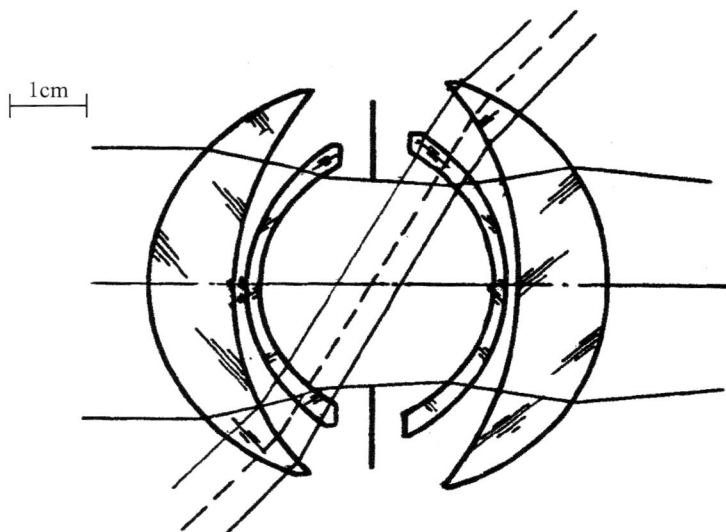

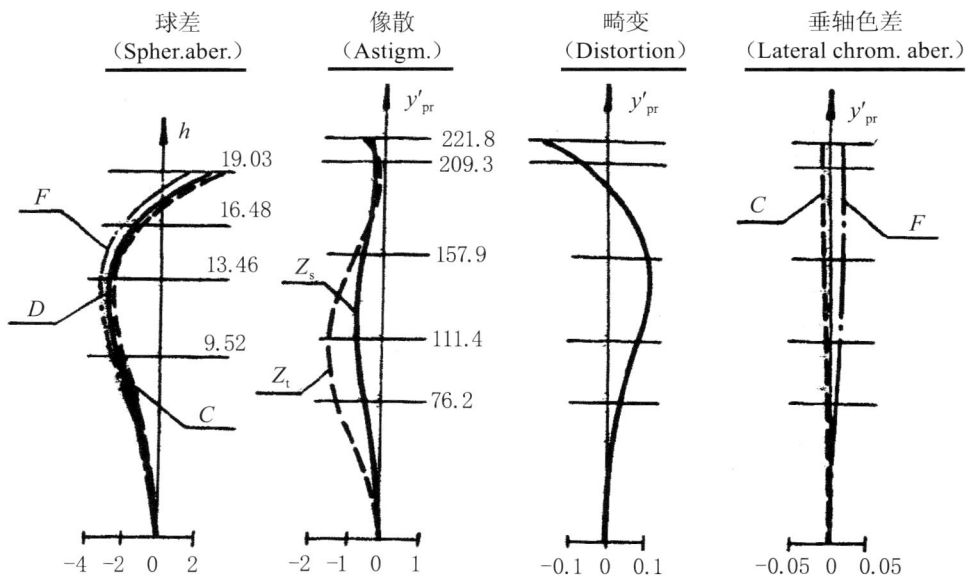

球差 （Spher.aber.）	像散 （Astigm.）	畸变 （Distortion）	垂轴色差 （Lateral chrom. aber.）

"Russar-18"镜头结构参数
(Constructive Dates of "Russar-18")

表 15

(Table 15)

透镜表面序号 (Surface No.)	r	d	n_D	ν_D	玻璃牌号 (Sort of glass)	ϕ_D
1	27.91					53.92
		10.95	1.5163	64.05	K8	
2	40.83					53.34
		1.64	1			
3	22.66					39.40
		1.64	1.7172	29.50	TF3	
4	18.61					34.10
		31.51	1			
5	−20.47					36.88
		1.81	1.7172	29.50	TF3	
6	−24.92					42.92
		1.81	1			
7	−44.90					56.98
		12.04	1.5163	64.05	K8	
8	−29.80					57.54

$$f'=209.381; \quad S'_{F'}=173.880$$

孔径光阑距第 4 表面 15.0mm, 直径 $\phi_D=28.76$mm

(A. d. at 15.0mm from the 4th surface, $\phi_D=28.76$mm)

"Russar-20"物镜
(Objective Lens "Russar-20")

$f' = 73.237$ $S'_{F'} = 58.963$ $2\omega = 120°$ $D/f' = 1 : 8$

├── 1cm ──┤

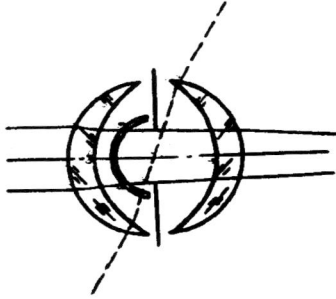

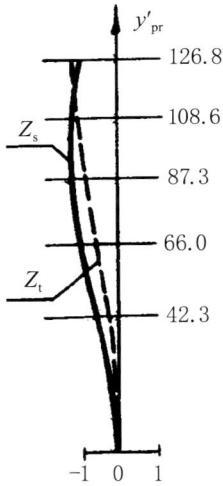

球差 （Spher.aber.）	像散 （Astigm.）	畸变 （Distortion）	垂轴色差 （Lateral chrom. aber.）

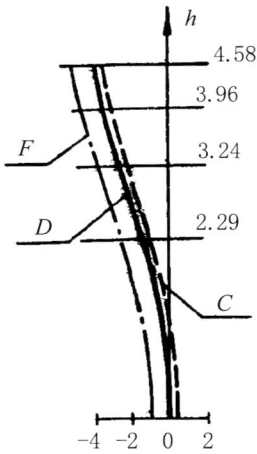

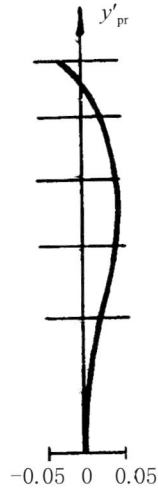

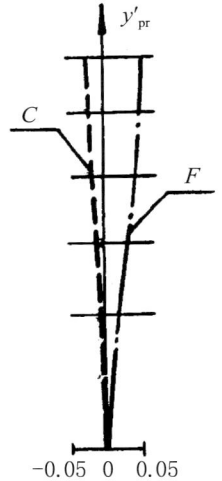

"Russar-20"镜头结构参数
(Constructive Dates of "Russar-20)

表 17

(Table 17)

透镜表面序号 (Surface No.)	r	d	n_D	ν_D	玻璃牌号 (Sort of glass)	ϕ_D
1	11.03					21.80
		3.26	1.6126	58.34	TK16	
2	12.075					21.12
		2.41	1			
3	5.93					11.80
		0.40	1.6475	33.86	TF1	
4	5.53					11.00
		14.12	1			
5	−12.44					21.64
		3.355	1.6126	58.34	TK16	
6	−11.32					22.36

$f' = 73.237$；$S'_{F'} = 58.963$

孔径光阑距第 4 表面 5.53mm,直径 $\phi_D = 7.28$mm

(A. d. at 5.53mm from the 4th surface, $\phi_D = 7.28$mm)

"Russar-22"物镜
(Objective Lens "Russar-22")

$$f' = 69.873 \quad S'_{F'} = 36.881 \quad 2\omega = 122° \quad D/f' = 1 : 8$$

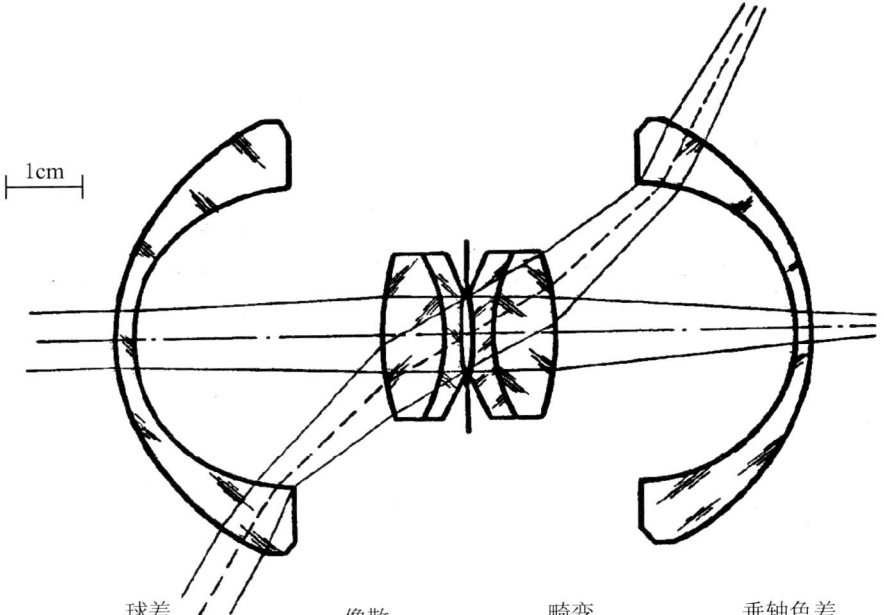

1cm

球差
（Spher.aber.）

像散
（Astigm.）

畸变
（Distortion）

垂轴色差
（Lateral chrom. aber.）

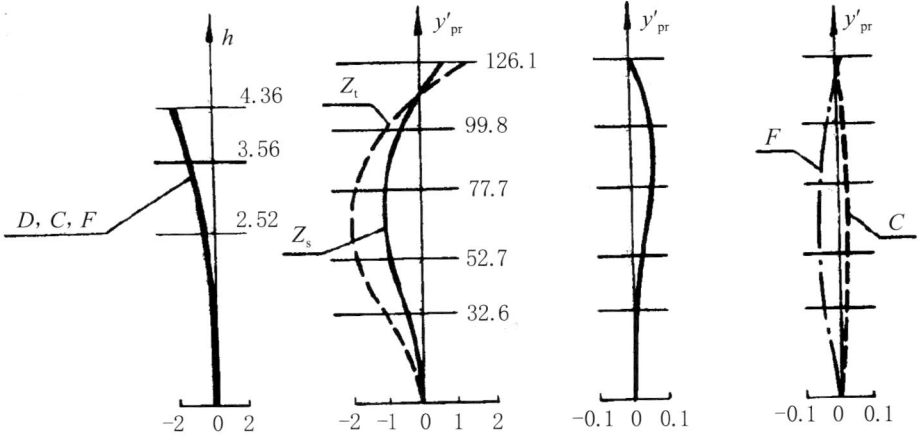

h

4.36
3.56
D, C, F
2.52

$-2 \quad 0 \quad 2$

y'_{pr}
Z_t
126.1
99.8
77.7
Z_s
52.7
32.6

$-2 \quad -1 \quad 0 \quad 1 \quad 2$

y'_{pr}

$-0.1 \quad 0 \quad 0.1$

y'_{pr}
F
C

$-0.1 \quad 0 \quad 0.1$

"Russar-22"镜头结构参数
(Constructive Dates of "Russar-22")

表 19

(Table 19)

透镜表面序号 (Surface No.)	r	d	n_D	ν_D	玻璃牌号 (Sort of glass)	ϕ_D
1	35.37					64.58
		2.15	1.6395	48.26	BF13	
2	22.69					45.34
		35.58	1			
3	47.56					24.04
		9.2	1.6126	58.34	TK16	
4	−24.54					17.26
		3.07	1.5480	45.85	LF10	
5	131.92					11.30
		0.49	1			
6	−129.54					11.28
		3.02	1.5480	45.85	LF10	
7	24.10					16.98
		9.04	1.6126	58.34	TK16	
8	−46.70					23.48
		34.94	1			
9	−22.27					44.54
		2.11	1.6242	35.91	F4	
10	−34.55					62.52

$f' = 69.873$; $S'_{F'} = 36.881$

孔径光阑距第 5 表面 0.25mm,直径 $\phi_D = 10.98$mm

(A. d. at 0.25mm from the 5th surface, $\phi_D = 10.98$mm)

"Russar-23"物镜
(Objective Lens "Russar-23")

$f' = 59.977 \quad S'_{F'} = 34.260 \quad 2\omega = 140° \quad D/f' = 1 : 8$

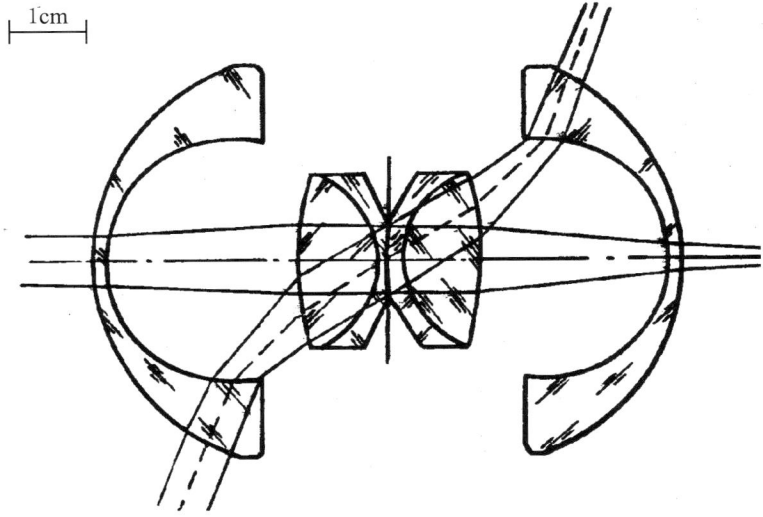

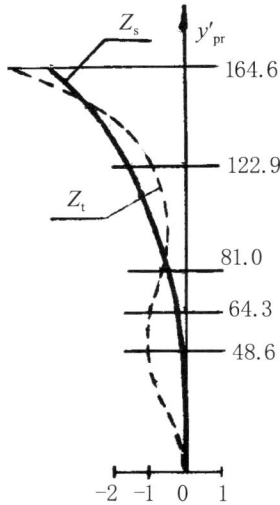

球差 (Spher.aber.)	像散 (Astigm.)	畸变 (Distortion)	垂轴色差 (Lateral chrom. aber.)

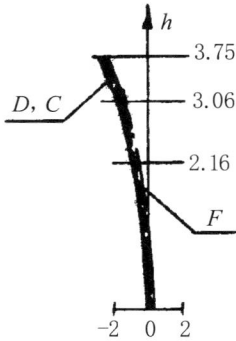

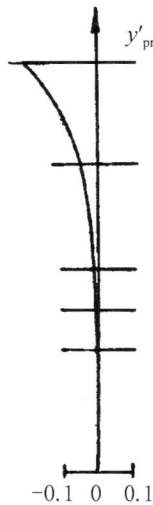

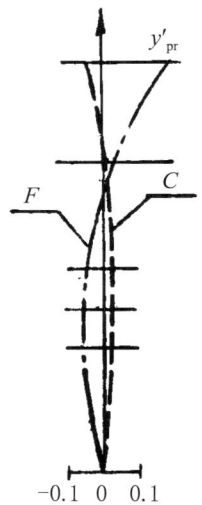

"Russar-23"镜头结构参数
(Constructive Dates of "Russar-23")

表 20

(Table 20)

透镜表面序号 (Surface No.)	r	d	n_D	ν_D	玻璃牌号 (Sort of glass)	ϕ_D
1	31.60					58.08
		1.65	1.6709	47.27	BF16	
2	18.38					36.14
		28.04	1			
3	49.12					23.76
		11.56	1.5891	61.23	TK23	
4	−14.00					14.82
		1.07	1.5493	52.41	BF23	
5	33.03					10.34
		2.21	1.5480	45.85	LF10	
6	13.86					15.40
		11.44	1.5891	61.23	TK23	
7	−48.61					23.68
		27.76	1			
8	−18.20					35.90
		1.64	1.6504	38.46	BF26	
9	−31.76					57.52

$$f' = 59.977; \quad S'_{F'} = 34.260$$

孔径光阑距第 5 表面 0.0mm,直径 $\phi_D = 10.32\text{mm}$

(A. d. at 0.0mm from the 5th surface, $\phi_D = 10.32\text{mm}$)

"Russar-24"物镜
(Objective Lens "Russar-24")

$f' = 59.999$ $S'_{F'} = 33.457$ $2\omega = 140°$ $D/f' = 1 : 8$

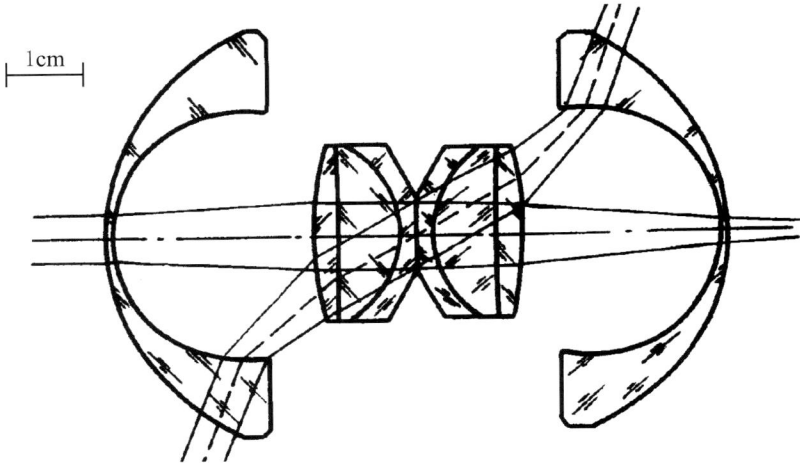

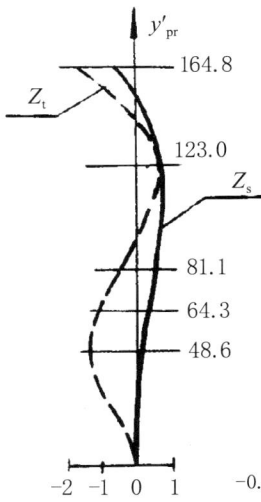

球差 (Spher.aber.)	像散 (Astigm.)	畸变 (Distortion)	垂轴色差 (Lateral chrom. aber.)

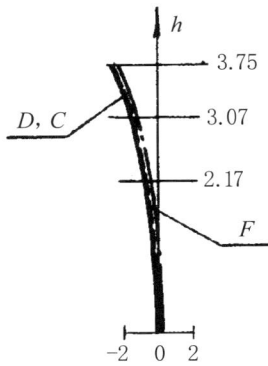

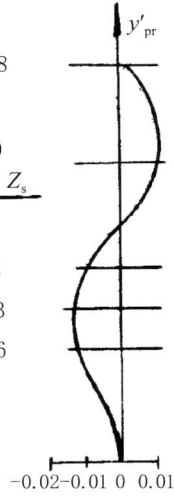

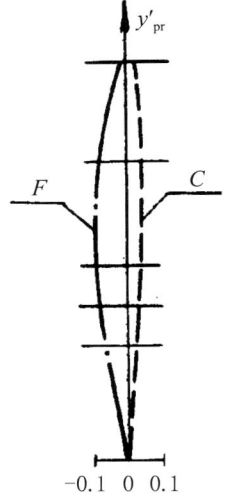

"Russar-24"镜头结构参数
(Constructive Dates of "Russar-24")

表 21

(Table 21)

透镜表面序号 (Surface No.)	r	d	n_D	ν_D	玻璃牌号 (Sort of glass)	ϕ_D
1	33.91					60.80
2	19.01	0.9	1.6126	58.34	TK16	37.26
3	58.64	29.31	1			25.34
4	−378.21	3.5	1.5891	61.23	TK23	23.30
5	−15.22	9.0	1.6126	58.34	TK16	16.26
6	∞	2.36	1.5480	45.85	LF10	10.48
7	15.22	2.36	1.5480	45.85	LF10	16.06
8	378.21	9.0	1.6126	58.34	TK16	23.02
9	−58.64	3.5	1.5891	61.23	TK23	25.06
10	−19.01	29.31	1			37.46
11	−32.84	0.9	1.6395	48.26	BF13	59.16

$f'=59.999$；$S'_{F'}=33.457$

孔径光阑与第 6 表面重合,直径 $\phi_D=10.46$mm

(A. d. coincides with the 6th surface, $\phi_D=10.46$mm)

"Russar-25ᵃ"物镜
(Objective Lens "Russar-25ᵃ")

$$f' = 69.659 \quad S'_{F'} = 41.059 \quad 2\omega = 122° \quad D/f' = 1 : 6.8$$

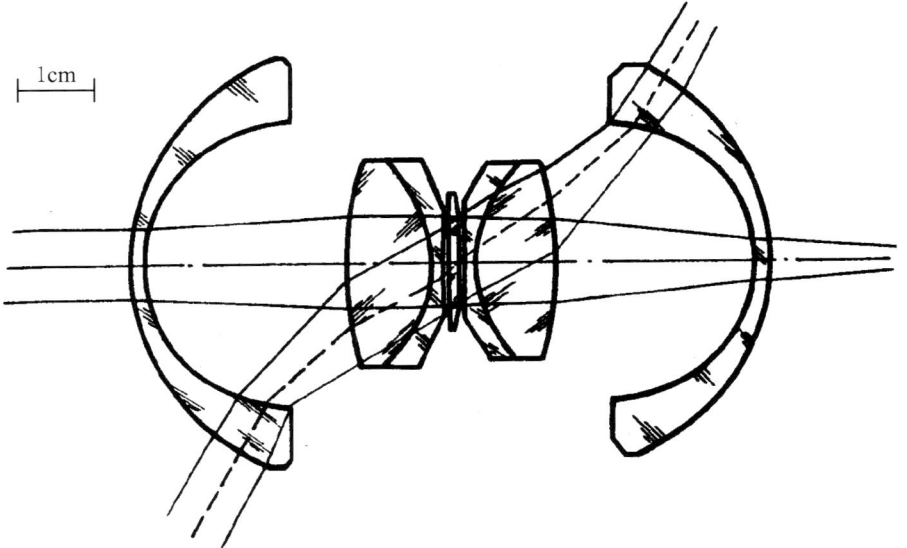

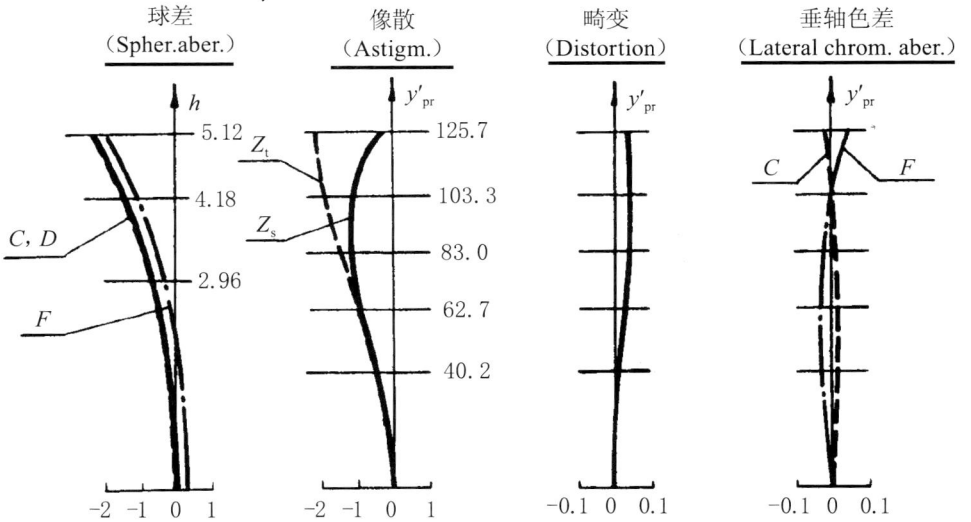

1cm

球差
(Spher.aber.)

像散
(Astigm.)

畸变
(Distortion)

垂轴色差
(Lateral chrom. aber.)

h

5.12

4.18

C, D

2.96

F

-2 -1 0 1

Z_t

Z_s

y'_{pr}

125.7

103.3

83.0

62.7

40.2

-2 -1 0 1

y'_{pr}

-0.1 0 0.1

y'_{pr}

C F

-0.1 0 0.1

"Russar-25ᵃ"镜头结构参数
(Constructive Dates of "Russar-25ᵃ")

表 23

(Table 23)

透镜表面序号 (Surface No.)	r	d	n_D	ν_D	玻璃牌号 (Sort of glass)	ϕ_D
1	31.51					40.34
		1.97	1.6395	48.26	BF13	
2	28.14					40.10
		27.65	1			
3	47.58					29.06
		12.25	1.6126	58.34	TK16	
4	−20.39					21.56
		1.51	1.5480	45.85	LF10	
5	173.68					15.36
		0.55	1			
6	∞					14.30
		1.38	1.5163	滤光片 (Light filter)	K8	
7	∞					12.54
		0.55	1			
8	−169.34					13.66
		1.48	1.5480	45.85	LF10	
9	19.88					18.66
		11.34	1.6126	58.34	TK16	
10	−46.39					26.40
		27.12	1			
11	−19.64					39.28
		1.92	1.6242	35.91	F4	
12	−30.52					55.44

$f' = 69.659$; $S'_{F'} = 41.059$

孔径光阑与第 7 表面重合，直径 $\phi_D = 12.54$mm

(A. d. coincides with the 7ᵗʰ surface, $\phi_D = 12.54$mm)

47

"Russar-28"物镜
(Objective Lens "Russar-28")

$$f' = 70.599 \quad S'_{F'} = 40.178 \quad 2\omega = 122° \quad D/f' = 1 : 6.8$$

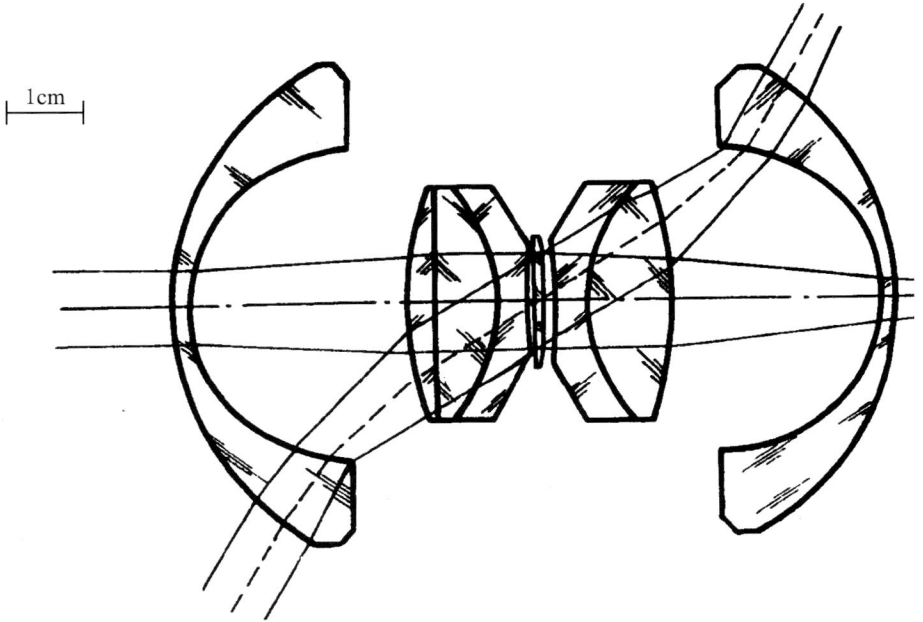

| 1cm |

球差
（Spher.aber.）

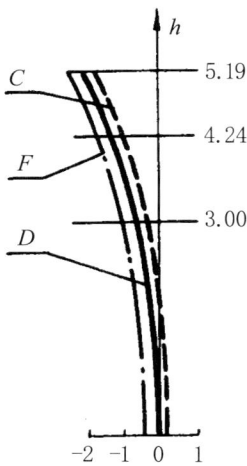

像散
（Astigm.）

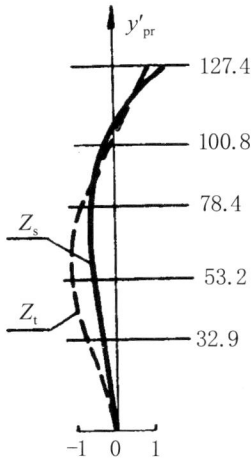

畸变
（Distortion）

垂轴色差
（Lateral chrom. aber.）

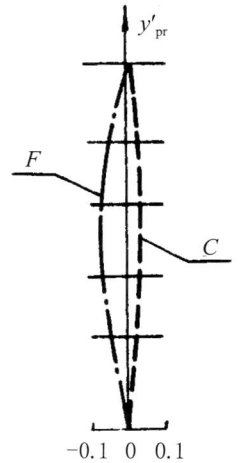

h

C
F
D

5.19
4.24
3.00

-2 -1 0 1

y'_{pr}

Z_s
Z_t

127.4
100.8
78.4
53.2
32.9

-1 0 1

y'_{pr}

-0.1 0 0.1

y'_{pr}

F
C

-0.1 0 0.1

48

"Russar-28"镜头结构参数
(Constructive Dates of "Russar-28")

表 24

(Table 24)

透镜表面序号 (Surface No.)	r	d	n_D	ν_D	玻璃牌号 (Sort of glass)	ϕ_D
1	38.98					66.30
		2.4	1.5783	41.10	LF7	
2	21.84					43.66
		28.8	1			
3	49.2					31.32
		3.6	1.6128	36.93	F1	
4	360.0					29.82
		8.4	1.6126	58.34	TK16	
5	−24.0					24.70
		4.32	1.5480	45.85	LF10	
6	240.0					14.44
		0.12	1			
7	∞			滤光片		14.40
		1.15	1.5163	(Light filter)	K8	
8	∞					12.90
		1.4	1			
9	−234.0					16.18
		4.21	1.5480	45.85	LF10	
10	23.4					26.84
		11.7	1.6126	58.34	TK16	
11	−47.97					31.70
		28.08	1			
12	−21.3					42.58
		2.34	1.5783	41.10	LF7	
13	−37.58					63.88

$f'=70.599$; $S'_{F'}=40.178$

孔径光阑与第 8 表面重合,直径 $\phi_D=12.9\text{mm}$

(A. d. coincides with the 8th surface, $\phi_D=12.9\text{mm}$)

"Russar-28ᵃ"物镜
(Objective Lens "Russar-28ᵃ")

$$f' = 70.334 \quad S'_{F'} = 39.705 \quad 2\omega = 122° \quad D/f' = 1 : 6.8$$

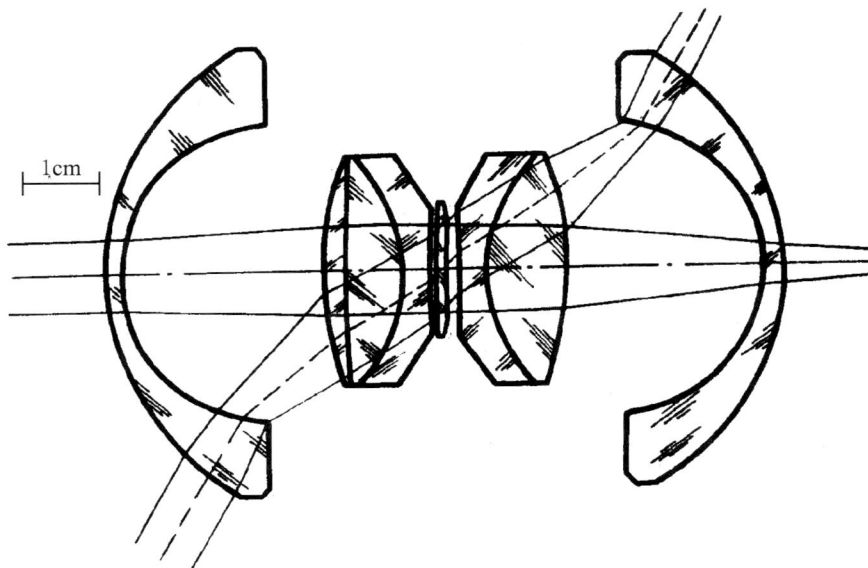

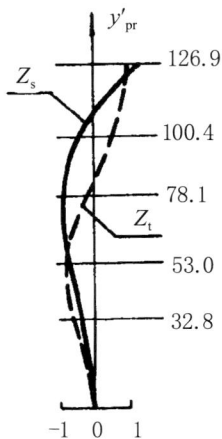

球差 (Spher.aber.)	像散 (Astigm.)	畸变 (Distortion)	垂轴色差 (Lateral chrom. aber.)

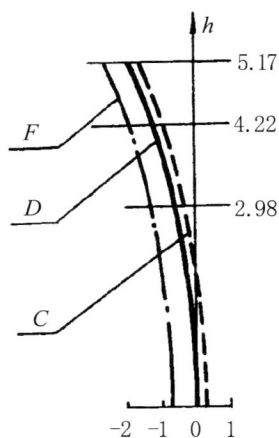

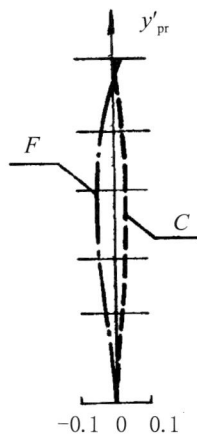

"Russar-28ᵃ"镜头结构参数
(Constructive Dates of "Russar-28ᵃ")

表 25

(Table 25)

透镜表面序号 (Surface No.)	r	d	n_D	ν_D	玻璃牌号 (Sort of glass)	ϕ_D
1	37.92					65.94
		2.4	1.6126	58.34	TK16	
2	22.07					44.12
		29.1	1			
3	49.2					31.68
		3.0	1.6128	36.93	F1	
4	144.0					30.38
		8.4	1.6126	58.34	TK16	
5	−24.6					26.18
		4.56	1.5480	45.85	LF10	
6	240.0					15.00
		0.12	1			
7	∞					15.00
		1.665	1.5163	滤光片 (Light filter)	K8	
8	∞					12.82
		1.64	1			
9	−234.0					16.74
		4.45	1.5480	45.85	LF10	
10	23.98					28.28
		11.12	1.6126	58.34	TK16	
11	−47.97					32.08
		28.37	1			
12	−21.52					43.02
		2.34	1.6126	58.34	TK16	
13	−36.36					63.32

$f' = 70.334;\quad S'_{F'} = 39.705$

孔径光阑与第 8 表面重合,直径 $\phi_D = 12.82\text{mm}$

(A. d. coincides with the 8th surface, $\phi_D = 12.82\text{mm}$)

"Russar-29"物镜
(Objective Lens "Russar-29")

$f' = 70.399$ $S'_{F'} = 38.786$ $2\omega = 122°$ $D/f' = 1 : 6.8$

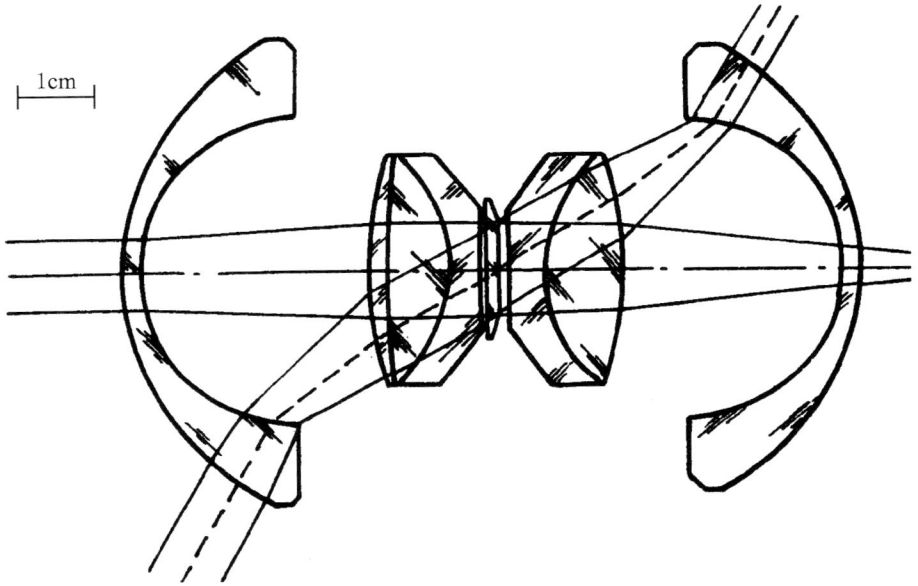

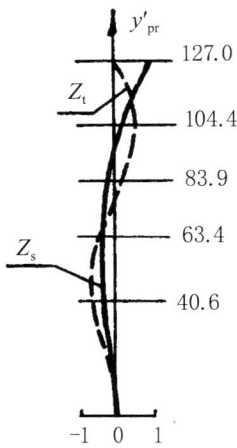

球差 (Spher.aber.)	像散 (Astigm.)	畸变 (Distortion)	垂轴色差 (Lateral chrom. aber.)

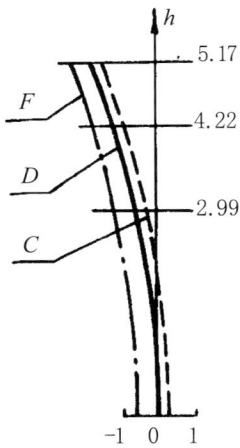

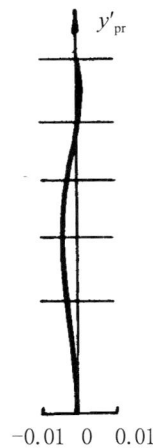

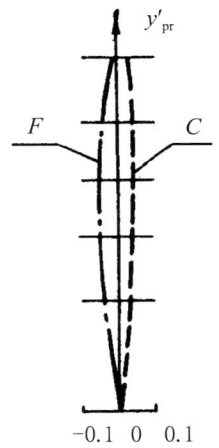

"Russar-29"镜头结构参数
(Constructive Dates of "Russar-29")

表 26
(Table 26)

透镜表面序号 (Surface No.)	r	d	n_D	ν_D	玻璃牌号 (Sort of glass)	ϕ_D
1	37.83					66.66
		2.29	1.6126	58.34	TK16	
2	22.18					44.26
		31.47	1			
3	57.22					31.36
		2.75	1.6128	36.93	F1	
4	171.67					30.14
		8.7	1.6126	58.34	TK16	
5	−22.55					26.36
		4.58	1.5480	45.85	LF10	
6	457.78					15.48
		0.17	1			
7	∞					15.20
		1.59	1.5163	滤光片	K8	
8	∞			(Light filter)		13.24
		1.51	1			
9	−446.34					16.66
		4.46	1.5480	45.85	LF10	
10	21.98					27.60
		11.16	1.6126	58.34	TK16	
11	−55.79					31.34
		30.69	1			
12	−21.63					43.22
		2.23	1.6126	58.34	TK16	
13	−36.33					63.74

$f'=70.399$；$S'_{F'}=38.786$

孔径光阑与第 8 表面重合,直径 $\phi_D=13.24\text{mm}$

(A. d. coincides with the 8th surface，$\phi_D=13.24\text{mm}$)

"Russar-29ᵃ"物镜
(Objective Lens "Russar-29ᵃ")

$$f' = 69.532 \quad S'_{F'} = 37.775 \quad 2\omega = 122° \quad D/f' = 1 : 6.8$$

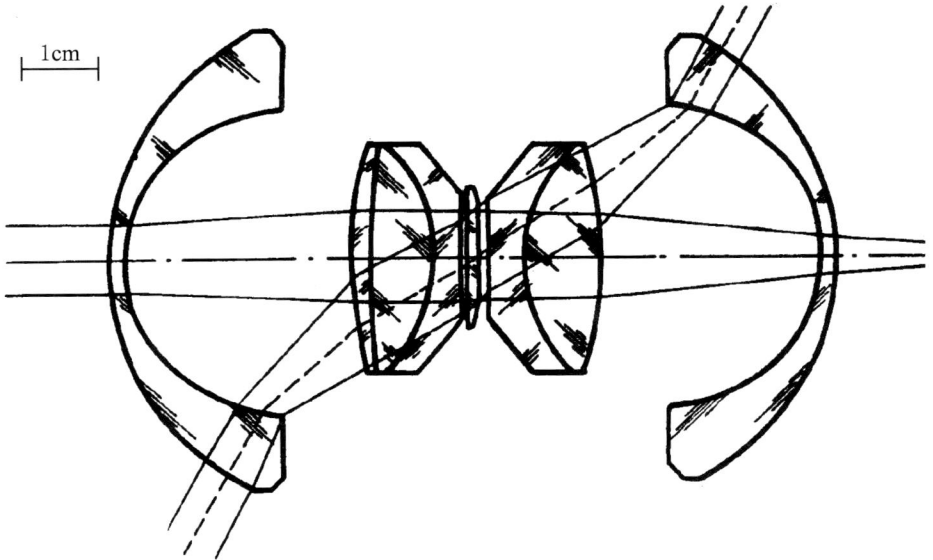

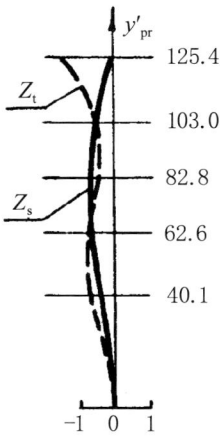

球差 (Spher.aber.)	像散 (Astigm.)	畸变 (Distortion)	垂轴色差 (Lateral chrom. aber.)

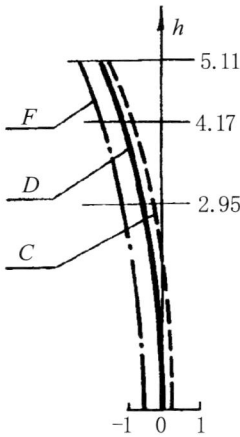

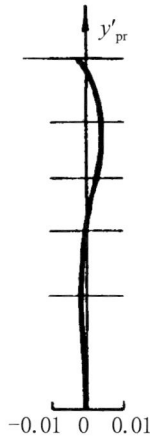

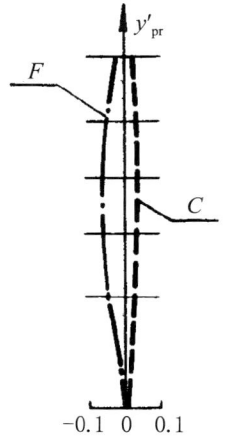

"Russar-29ᵃ"镜头结构参数
(Constructive Dates of "Russar-29ᵃ")

表 27

(Table 27)

透镜表面序号 (Surface No.)	r	d	n_D	ν_D	玻璃牌号 (Sort of glass)	ϕ_D
1	37.47					66.42
2	22.18	2.29	1.6126	58.34	TK16	44.24
3	57.22	31.47	1			31.26
4	171.67	2.75	1.6128	36.93	F1	30.02
5	−22.55	8.7	1.6126	58.34	TK16	26.10
6	457.78	4.58	1.5480	45.85	LF10	15.26
7	∞	0.17	1			14.98
8	∞	1.59	1.5163	滤光片 (Light filter)	K8	13.00
9	−446.34	1.48	1			16.40
10	21.98	4.46	1.5480	45.85	LF10	27.24
11	−55.79	11.16	1.6126	58.34	TK16	31.20
12	−21.63	30.69	1			43.20
13	−35.96	2.23	1.6126	58.34	TK16	63.50

$f' = 69.532$; $S'_{F'} = 37.775$

孔径光阑与第 8 表面重合，直径 $\phi_D = 13.0mm$

(A. d. coincides with the 8th surface, $\phi_D = 13.0mm$)

"Russar-29ᵇ"物镜
(Objective Lens "Russar-29ᵇ")

$f' = 69.602 \quad S'_{F'} = 37.975 \quad 2\omega = 120° \quad D/f' = 1 : 9$

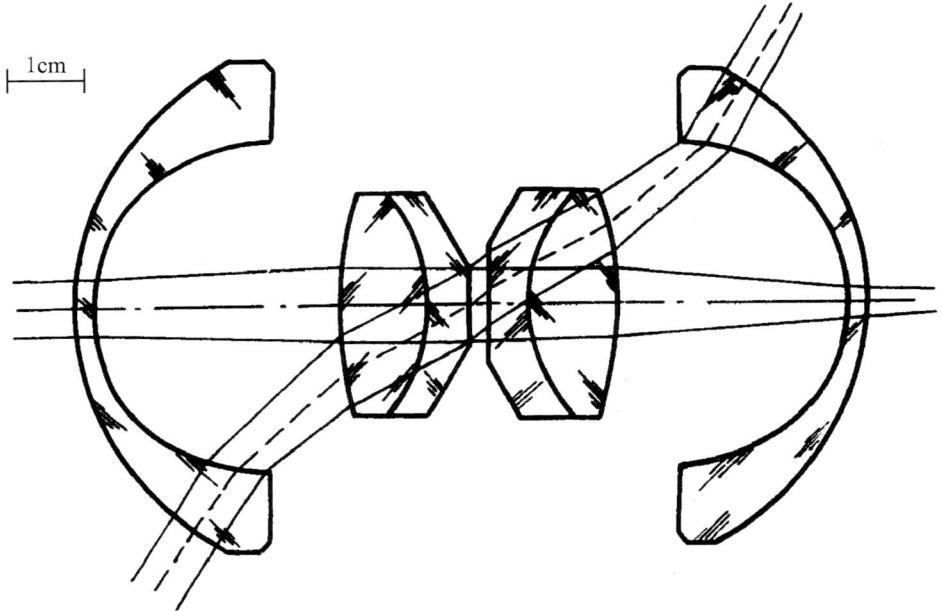

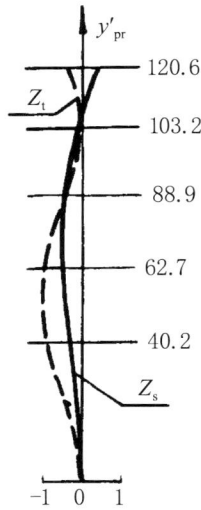

球差 (Spher.aber.)	像散 (Astigm.)	畸变 (Distortion)	垂轴色差 (Lateral chrom. aber.)

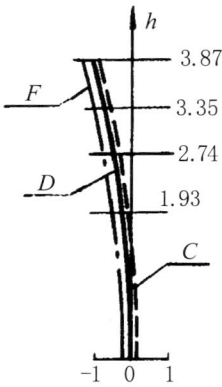

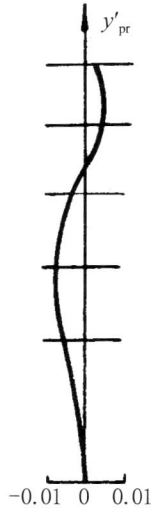

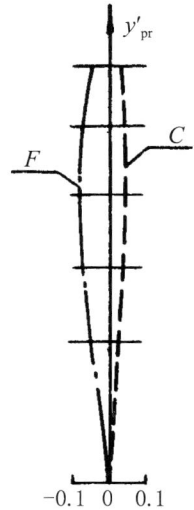

"Russar-29ᵇ"镜头结构参数
(Constructive Dates of "Russar-29ᵇ")

表 28

(Table 28)

透镜表面序号 (Surface No.)	r	d	n_D	ν_D	玻璃牌号 (Sort of glass)	ϕ_D
1	37.82					64.36
		2.29	1.6130	60.57	TK14	
2	22.18					44.36
		31.51	1			
3	57.22					27.06
		11.45	1.6140	55.11	TK8	
4	−22.55					18.86
		5.38	1.5480	45.85	LF10	
5	457.78					9.88
		1.73	1			
6	−446.34					13.78
		5.26	1.5480	45.85	LF10	
7	21.98					24.02
		11.16	1.6130	60.57	TK14	
8	−55.79					29.44
		30.66	1			
9	−21.63					43.26
		2.23	1.6140	55.11	TK8	
10	−36.33					62.70

$f' = 69.602$; $S'_{F'} = 37.975$

孔径光阑距第 5 表面 0.0mm,直径 $\phi_D = 9.88$mm

(A. d. at 0.0mm from the 5th surface, $\phi_D = 9.88$mm)

"Russar-29nb"物镜
(Objective Lens "Russar-29nb")

$f' = 70.020 \quad S'_{F'} = 0.025 \quad 2\omega = 120° \quad D/f' = 1 : 6.8$

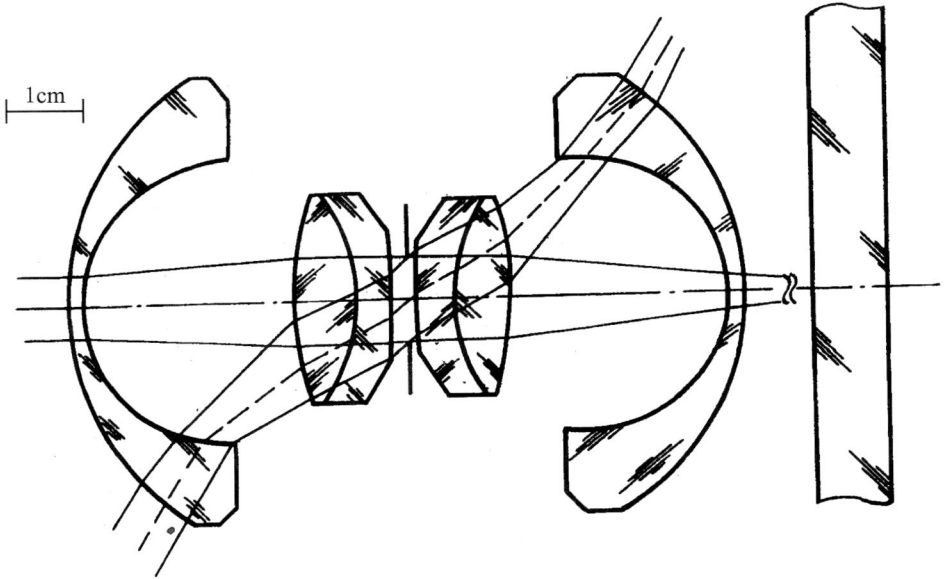

1cm

球差
(Spher.aber.)

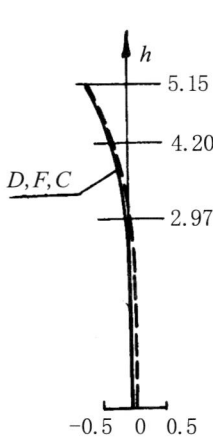

像散
(Astigm.)

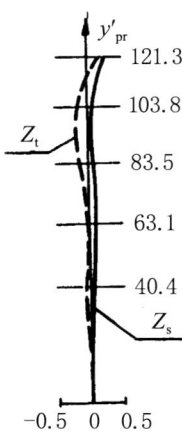

畸变
(Distortion)

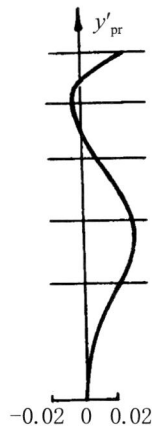

垂轴色差
(Lateral chrom. aber.)

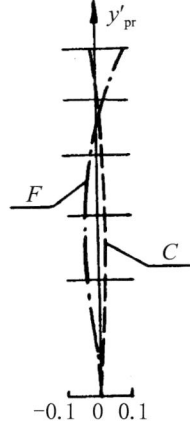

h

5.15

4.20

D, F, C

2.97

-0.5   0   0.5

y'_{pr}

121.3

103.8

Z_t

83.5

63.1

40.4

Z_s

-0.5   0   0.5

y'_{pr}

-0.02   0   0.02

y'_{pr}

F

C

-0.1   0   0.1

"Russar-29^{nb}"镜头结构参数
(Constructive Dates of "Russar-29^{nb}")

表 29

(Table 29)

透镜表面序号 (Surface No.)	r	d	n_D	ν_D	玻璃牌号 (Sort of glass)	ϕ_D
1	43.77					70.42
2	23.11	2.3	1.6126	58.34	TK16	46.22
3	57.45*	32.84	1			32.30
4	−29.00	10.00	1.6130	60.57	TK14	28.60
5	−299.5	4.4	1.6123	44.08	F3	20.80
6	310.41	4.07	1			16.32
7	29.00	5.64	1.6123	44.08	F3	24.20
8	−57.82**	8.73	1.6130	60.57	TK14	28.32
9	−21.94***	34.03	1			44.56
10	−41.82	2.3	1.6140	40.02	BF21	68.18
11	∞	28.48	1			226.86
12	∞	11.63	1.5163	64.05	K8	243.00

$f'=70.020$；　$S'_{F'}=0.025$

孔径光阑距第 5 表面 3.02mm, 直径 $\phi_D=13.9$mm

(A. d. at 3.02mm from the 5th surface, $\phi_D=13.9$mm)

非球面表面方程(Aspherical surfaces are formed by the following functions)：

* $y^2 = 114.9z - z^2 - 0.226222z^3 - 0.264105z^4 - 0.158905 \cdot 10^{-1}z^5 - 0.266271 \cdot 10^{-2}z^6$
　　$+ 0.28076 \cdot 10^{-2}z^7$

** $y^2 = -115.64z - z^2 + 0.428838z^3 - 0.376809z^4 - 0.761222 \cdot 10^{-2}z^5 - 0.311071 \cdot 10^{-1}z^6$
　　　$- 0.577629 \cdot 10^{-2}z^7 + 0.829417 \cdot 10^{-3}z^{10} + 0.361533 \cdot 10^{-4}z^{13}$

*** $y^2 = -43.88z - z^2 - 0.131012 \cdot 10^{-2}z^3 + 0.895612 \cdot 10^{-5}z^4 + 0.448529 \cdot 10^{-6}z^5$
　　　　$+ 0.374359 \cdot 10^{-8}z^6$

"Russar-30"物镜
(Objective Lens "Russar-30")

$f' = 119.992$ $S'_{F'} = 65.977$ $2\omega = 122°$ $D/f' = 1 : 7.2$

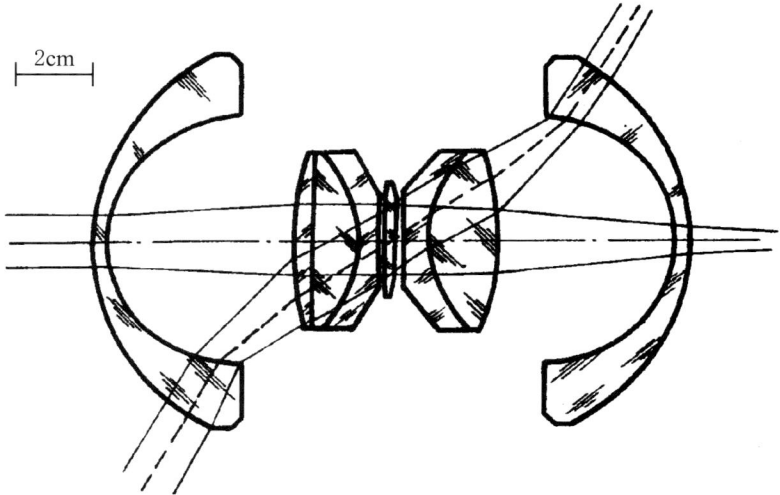

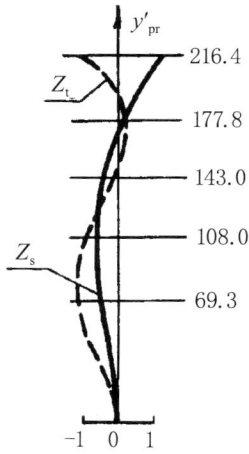

球差 （Spher.aber.）	像散 （Astigm.）	畸变 （Distortion）	垂轴色差 （Lateral chrom. aber.）

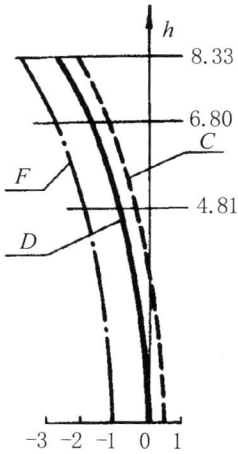

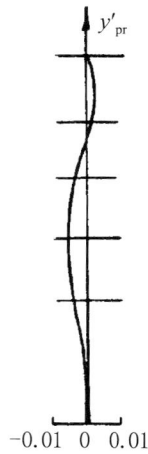

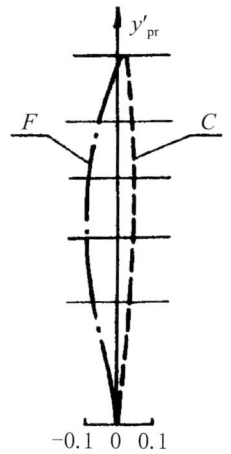

"Russar-30"镜头结构参数
(Constructive Dates of "Russar-30")

表 30

(Table 30)

透镜表面序号 (Surface No.)	r	d	n_D	ν_D	玻璃牌号 (Sort of glass)	ϕ_D
1	64.31					112.88
		3.89	1.6126	58.34	TK16	
2	37.71					75.30
		53.5	1			
3	97.28					52.22
		4.86	1.6128	36.93	F1	
4	408.57					50.14
		14.59	1.6126	58.34	TK16	
5	−38.33					42.72
		7.78	1.5480	45.85	LF10	
6	778.23					25.12
		0.29	1			
7	∞					24.62
		2.71	1.5163	滤光片	K8	
8	∞			(Light filter)		21.28
		2.57	1			
9	−762.67					27.18
		7.63	1.5480	45.85	LF10	
10	37.56					44.96
		19.07	1.6126	58.34	TK16	
11	−95.33					52.48
		52.43	1			
12	−36.96					73.86
		3.81	1.6126	58.34	TK16	
13	−62.08					108.68

$f'=119.992$；$S'_{F'}=65.977$

孔径光阑与第 8 表面重合,直径 $\phi_D=21.28mm$

(A. d. coincides with the 8th surface, $\phi_D=21.28mm$)

"Russar-31"物镜
(Objective Lens "Russar-31")

$$f'=179.427 \quad S'_{F'}=97.538 \quad 2\omega=121° \quad D/f'=1:8$$

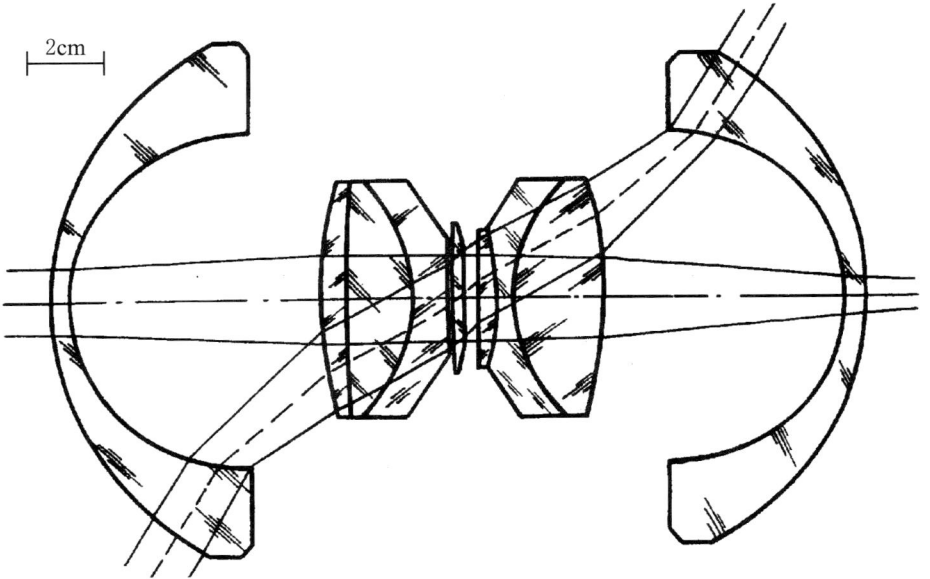

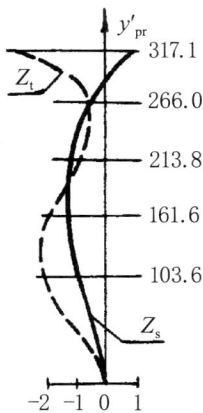

球差 (Spher.aber.)	像散 (Astigm.)	畸变 (Distortion)	垂轴色差 (Lateral chrom. aber.)

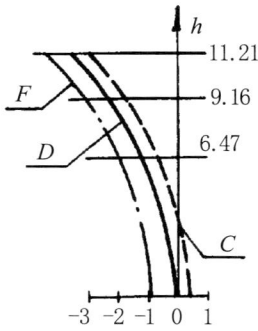

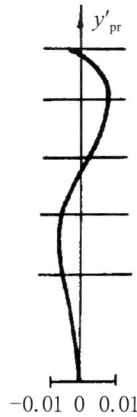

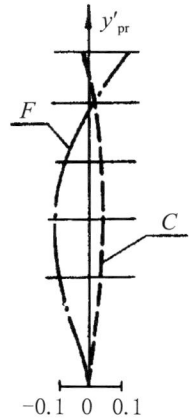

"Russar-31"镜头结构参数
(Constructive Dates of "Russar-31")

表 31

（Table 31）

透镜表面序号 (Surface No.)	r	d	n_D	ν_D	玻璃牌号 (Sort of glass)	ϕ_D
1	97.52					169.26
		5.93	1.6126	58.34	TK16	
2	57.31					114.60
		81.48	1			
3	148.16					75.40
		7.41	1.6128	36.93	F1	
4	622.29					71.70
		22.22	1.6126	58.34	TK16	
5	−57.49					57.90
		11.85	1.5480	45.85	LF10	
6	1185.31					33.84
		0.2	1			
7	∞					33.64
		4.11	1.5163	滤光片 (Light filter)	K8	
8	∞					28.58
		4.14	1			
9	−1155.68					38.14
		6.82	1.5493	52.41	BF23	
10	−74.08					42.62
		4.74	1.5480	45.85	LF10	
11	56.05					63.14
		28.89	1.6126	58.34	TK16	
12	−144.46					76.64
		79.45	1			
13	−55.87					111.74
		5.78	1.6126	58.34	TK16	
14	−93.60					162.74

$f'=179.427$；$S'_{F'}=97.538$

孔径光阑与第 8 表面重合，直径 $\phi_D=28.58\text{mm}$

（A. d. coincides with the 8th surface, $\phi_D=28.58\text{mm}$）

"Russar-32ⁿ"物镜
(Objective Lens "Russar-32ⁿ")

$$f'=36.012 \quad S'_{F'}=31.411 \quad 2\omega=148° \quad D/f'=1:8$$

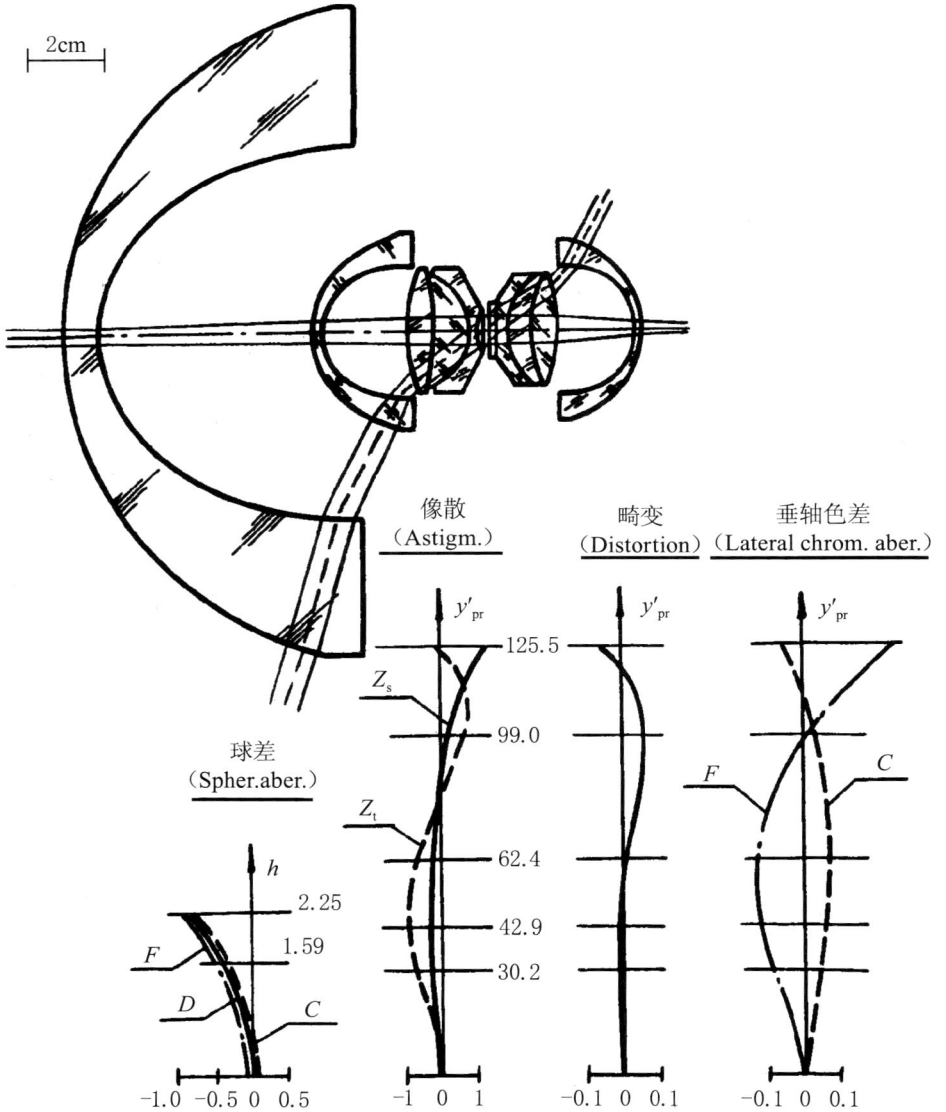

2cm

像散
（Astigm.）

畸变
（Distortion）

垂轴色差
（Lateral chrom. aber.）

球差
（Spher.aber.）

"Russar-32ⁿ"镜头结构参数
(Constructive Dates of "Russar-32ⁿ")

表 32

(Table 32)

透镜表面序号 (Surface No.)	r	d	n_D	ν_D	玻璃牌号 (Sort of glass)	ϕ_D
1	95.54					182.48
2	41.68*	9.06	1.6126	58.34	TK16	107.36
3	28.09	60.07	1			54.58
4	18.94	1.53	1.6126	58.34	TK16	36.90
5	49.84	22.65	1			33.16
6	−72.49	7.0	1.6128	36.93	F1	29.94
7	−16.99	10.67	1.6126	58.34	TK16	17.94
8	9.06	1.18	1.5480	45.85	LF10	10.00
9	∞	3.02	1.5467	62.76	BK8	8.48
10	∞	0.45	1	滤光片		9.72
11	∞	1.48	1.5163	(Light filter)	K8	11.94
12	19.02	3.01	1.5480	45.85	LF10	20.90
13	36.25	6.34	1.6128	36.93	F1	28.06
14	−45.31	7.93	1.6126	58.34	TK16	30.90
15	−18.4	22.2	1			36.32
16	−27.07	0.91	1.6475	33.86	TF1	51.68

$f' = 36.012$；$S'_{F'} = 31.411$

孔径光阑与第 9 表面重合，直径 $\phi_D = 8.48\text{mm}$

(A. d. coincides with the 9th surface, $\phi_D = 8.48\text{mm}$)

* 非球面表面方程(Aspherical surface is formed by the function)：

$y^2 = 83.36z - 0.64217z^2 - 1.754664 \cdot 10^{-4} z^3 + 1.07025 \cdot 10^{-5} z^4$

"Russar-33"物镜
(Objective Lens "Russar-33")

$$f' = 100.063 \quad S'_{F'} = 54.385 \quad 2\omega = 122° \quad D/f' = 1 : 6.8$$

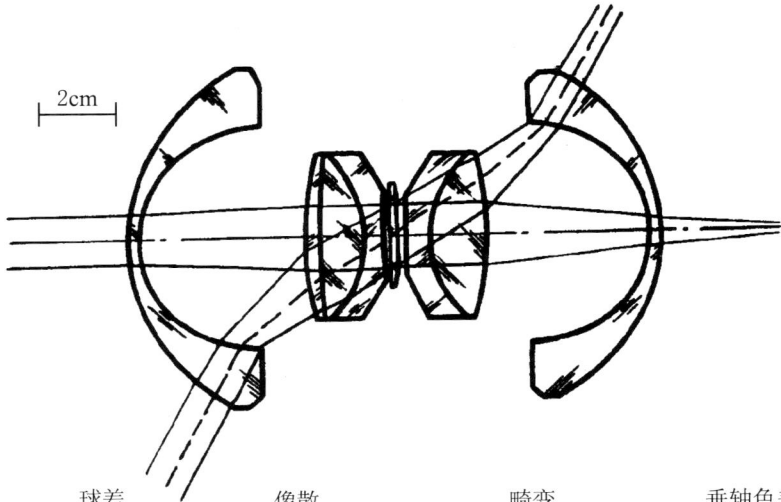

球差	像散	畸变	垂轴色差
（Spher.aber.）	（Astigm.）	（Distortion）	（Lateral chrom. aber.）

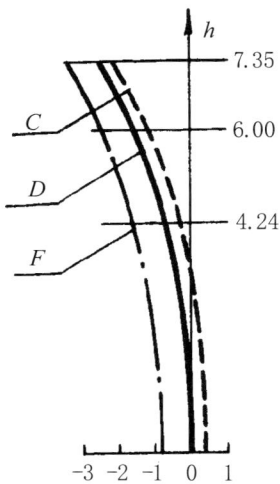

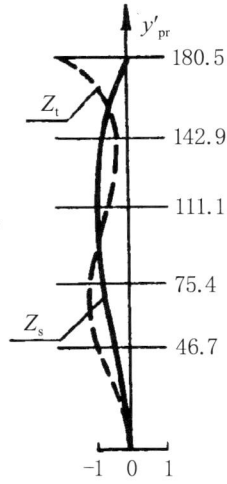

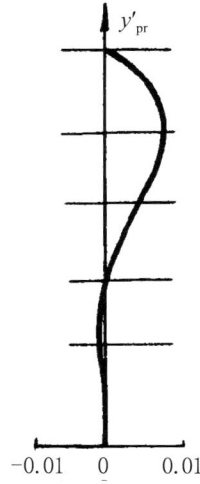

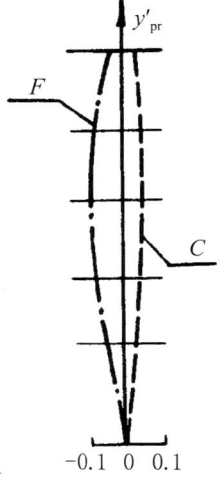

"Russar-33"镜头结构参数
(Constructive Dates of "Russar-33")

表 33

(Table 33)

透镜表面序号 (Surface No.)	r	d	n_D	ν_D	玻璃牌号 (Sort of glass)	ϕ_D
1	53.9					95.54
2	31.9	3.29	1.6126	58.34	TK16	63.62
3	82.31	45.27	1			44.94
4	246.94	3.96	1.6128	36.93	F1	43.16
5	−32.44	12.51	1.6126	58.34	TK16	37.52
6	658.5	6.59	1.5480	45.85	LF10	21.96
7	∞	0.24	1			21.56
8	∞	2.29	1.5163	滤光片 (Light filter)	K8	18.72
9	−642.04	2.13	1			23.60
10	31.62	6.42	1.5480	45.85	LF10	39.22
11	−80.25	16.05	1.6126	58.34	TK16	44.86
12	−31.11	44.15	1			62.14
13	−51.74	3.21	1.6126	58.34	TK16	91.34

$f' = 100.063$; $S'_{F'} = 54.385$

孔径光阑与第 8 表面重合,直径 $\phi_D = 18.72$mm

(A. d. coincides with the 8th surface, $\phi_D = 18.72$mm)

"Russar-34"物镜
(Objective Lens "Russar-34")

$$f'=199.992 \quad S'_{F'}=135.406 \quad 2\omega=93° \quad D/f'=1:6.8$$

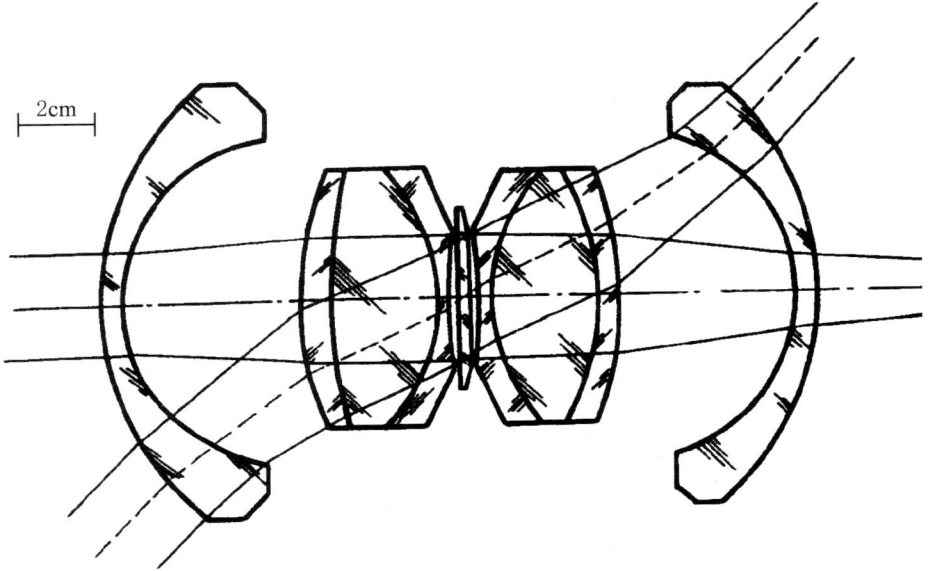

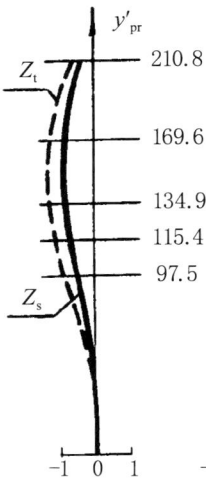

球差 (Spher.aber.)	像散 (Astigm.)	畸变 (Distortion)	垂轴色差 (Lateral chrom. aber.)

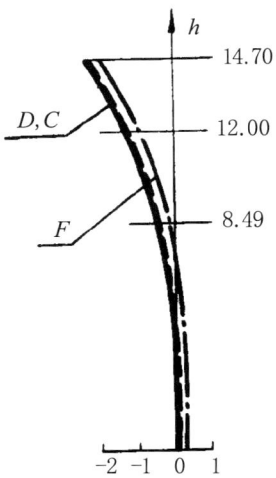

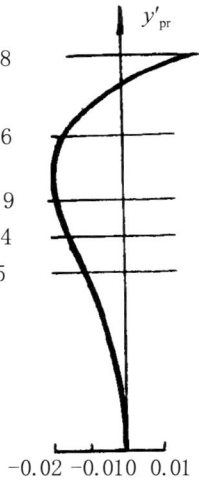

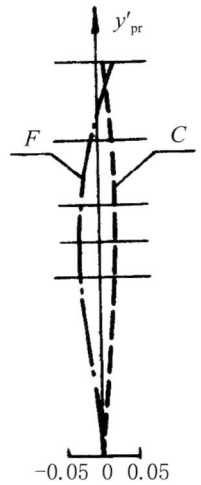

"Russar-34"镜头结构参数
(Constructive Dates of "Russar-34")

表 34

(Table 34)

透镜表面序号 (Surface No.)	r	d	n_D	ν_D	玻璃牌号 (Sort of glass)	ϕ_D
1	82.38					122.46
2	48.18	5.99	1.6126	58.34	TK16	92.74
3	100.15	49.38	1			71.60
4	143.98	8.23	1.6128	36.93	F1	66.54
5	−53.44	28.96	1.6126	58.34	TK16	49.06
6	360.71	4.59	1.5480	45.85	LF10	37.44
7	∞	0.62	1			37.20
8	∞	3.05	1.5163	滤光片 (Light filter)	K8	34.10
9	−353.5	2.26	1			37.12
10	52.77	4.50	1.5480	45.85	LF10	47.56
11	−67.88	30.27	1.6126	58.34	TK16	62.18
12	−98.14	6.17	1.6128	36.93	F1	68.62
13	−47.22	48.4	1			89.46
14	−80.48	5.87	1.6128	58.34	TK16	115.82

$f' = 199.992$； $S'_{F'} = 135.406$

孔径光阑与第 8 表面重合，直径 $\phi_D = 34.10$mm

(A. d. coincides with the 8th surface, $\phi_D = 34.10$mm)

"Russar-35"物镜
(Objective Lens "Russar-35")

$$f' = 199.677 \quad S'_{F'} = 135.133 \quad 2\omega = 65° \quad D/f' = 1 : 9$$

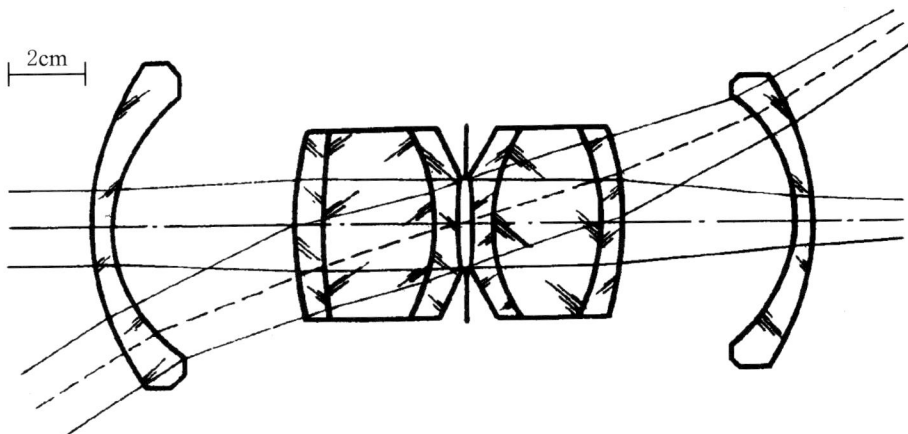

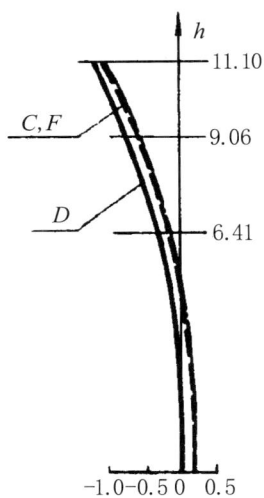

球差
（Spher.aber.）

h

— 11.10

C, F

— 9.06

D

— 6.41

-1.0 -0.5 0 0.5

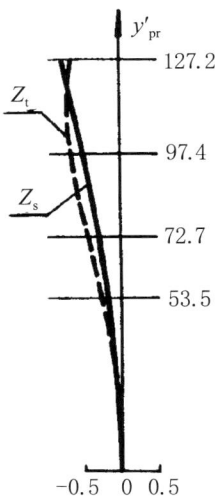

像散
（Astigm.）

y'_{pr}

— 127.2

Z_t

— 97.4

Z_s

— 72.7

— 53.5

-0.5 0 0.5

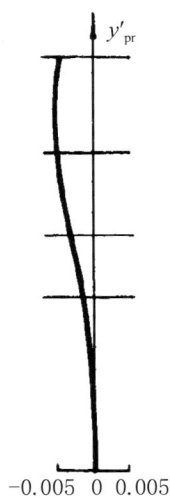

畸变
（Distortion）

y'_{pr}

-0.005 0 0.005

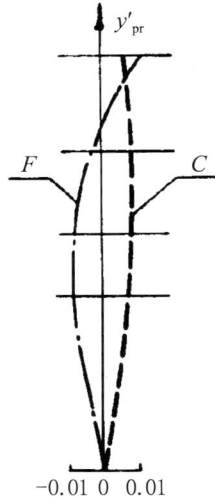

垂轴色差
（Lateral chrom. aber.）

y'_{pr}

F C

-0.01 0 0.01

"Russar-35"镜头结构参数
(Constructive Dates of "Russar-35")

表 35

(Table 35)

透镜表面序号 (Surface No.)	r	d	n_D	ν_D	玻璃牌号 (Sort of glass)	ϕ_D
1	83.3					92.62
2	48.71	6.04	1.6126	58.34	TK16	77.84
3	101.02	49.82	1			53.74
4	180.0	8.3	1.6128	36.93	F1	49.60
5	−53.7	29.21	1.6126	58.34	TK16	33.54
6	363.86	6.17	1.5480	45.85	LF10	27.02
7	−353.0	3.13	1			26.88
8	52.7	6.02	1.5480	45.85	LF10	32.74
9	−64.0	30.23	1.6126	58.34	TK16	45.56
10	−98.01	6.16	1.6128	36.93	F1	50.84
11	−47.16	48.32	1			72.66
12	−80.25	5.85	1.6126	58.34	TK16	85.32

$f' = 199.677$; $S'_{F'} = 135.133$

孔径光阑距第 6 表面 1.56mm,直径 $\phi_D = 25.52$mm

(A. d. at 1.56mm from the 6th surface, $\phi_D = 25.52$mm)

"Russar-36"物镜
(Objective Lens "Russar-36")

$f' = 99.836 \quad S'_{F'} = 54.837 \quad 2\omega = 103°36' \quad D/f' = 1 : 9$

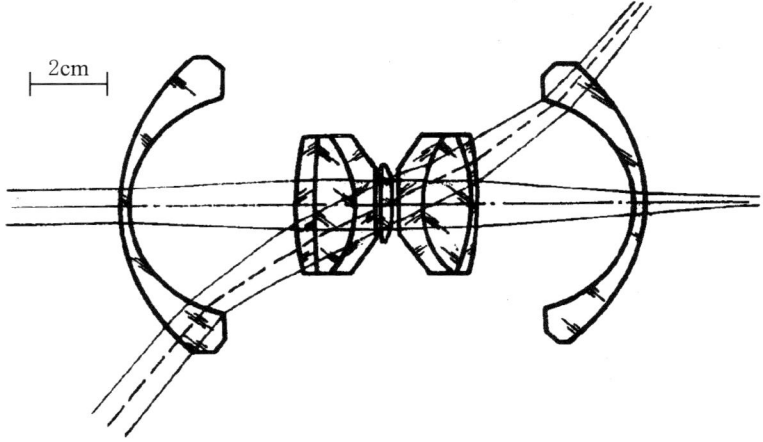

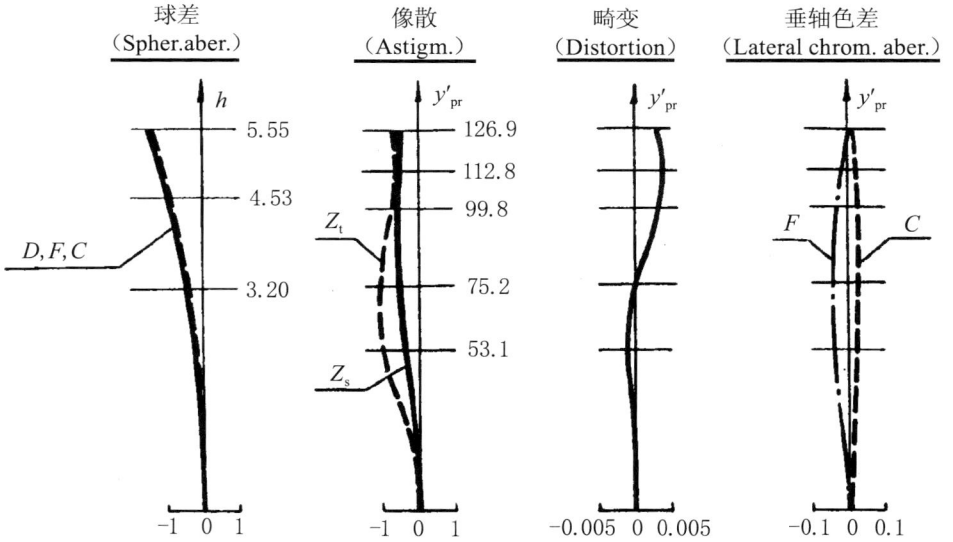

球差 (Spher.aber.)	像散 (Astigm.)	畸变 (Distortion)	垂轴色差 (Lateral chrom. aber.)

"Russar-36"镜头结构参数
(Constructive Dates of "Russar-36")

表 36

(Table 36)

透镜表面序号 (Surface No.)	r	d	n_D	ν_D	玻璃牌号 (Sort of glass)	ϕ_D
1	54.54					85.02
		3.3	1.6126	58.34	TK16	
2	31.98					62.80
		45.38	1			
3	82.5					36.84
		3.96	1.6128	36.93	F1	
4	150.0					34.28
		12.54	1.6126	58.34	TK16	
5	−32.28					26.52
		6.6	1.5480	45.85	LF10	
6	660.02					16.92
		0.08	1			
7	∞				滤光片	16.88
		2.69	1.5163		K8	
8	∞				(Light filter)	14.14
		2.26	1			
9	−633.86					18.06
		6.34	1.5480	45.85	LF10	
10	30.44					27.44
		14.35	1.6126	58.34	TK16	
11	−46.0					34.06
		1.5	1.6128	36.93	F1	
12	−79.23					36.32
		43.58	1			
13	−30.72					60.08
		3.17	1.6126	58.34	TK16	
14	−51.71					80.16

$f'=99.836$; $S'_{F'}=54.837$

孔径光阑与第 8 表面重合,直径 $\phi_D=14.14\text{mm}$

(A. d. coincides with the 8th surface, $\phi_D=14.14\text{mm}$)

"Russar-37"物镜
(Objective Lens "Russar-37")

$$f' = 50.002 \quad S'_{F'} = 13.134 \quad 2\omega = 137° \quad D/f' = 1 : 12$$

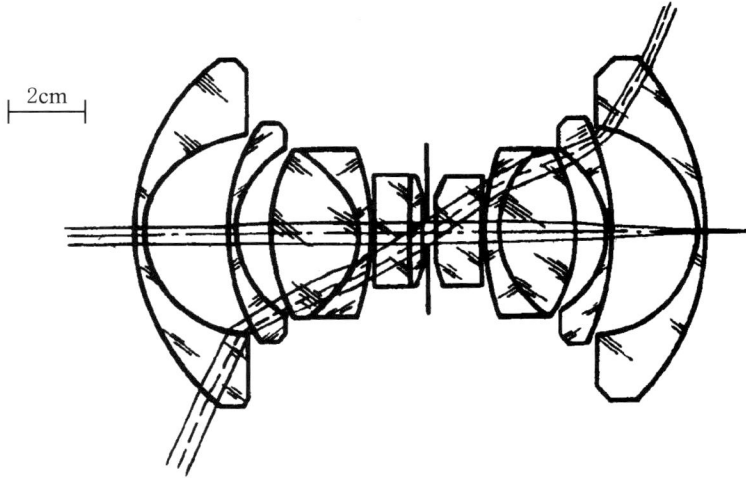

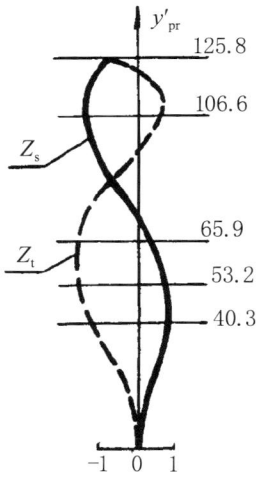

球差 (Spher.aber.)	像散 (Astigm.)	畸变 (Distortion)	垂轴色差 (Lateral chrom. aber.)

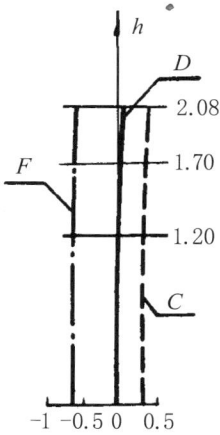

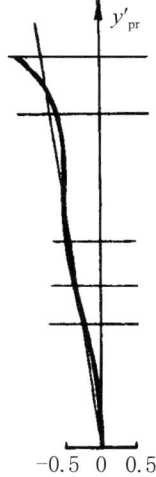

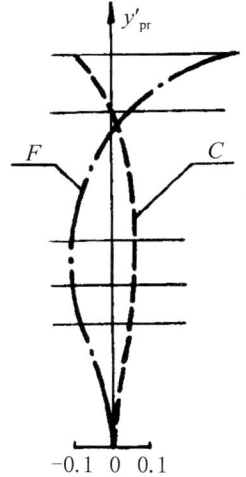

"Russar-37"镜头结构参数
(Constructive Dates of "Russar-37")

表 37

(Table 37)

透镜表面序号 (Surface No.)	r	d	n_D	ν_D	玻璃牌号 (Sort of glass)	ϕ_D
1	66.54					95.84
		2.24	1.6126	58.34	TK16	
2	28.32					56.60
		23.11	1			
3	59.13					55.90
		2.04	1.6126	58.34	TK16	
4	28.19					46.96
		9.17	1			
5	48.38					46.00
		22.41	1.6126	58.34	TK16	
6	−27.04					41.56
		3.06	1.5480	45.85	LF10	
7	−81.48					31.02
		0.2	1			
8	∞					26.28
		10.73	1.5163	64.05	K8	
9	∞					12.64
		4.0	1.5163	滤光片	K8	
10	∞			(Light filter)		7.56
		2.32	1			
11	∞					11.56
		13.61	1.5163	64.05	K8	
12	∞					28.36
		0.2	1			
13	81.48					33.46
		3.06	1.5480	45.85	LF10	
14	27.55					44.82
		21.39	1.6126	58.34	TK16	
15	−47.87					46.90
		8.64	1			
16	−27.99					47.32
		2.02	1.6128	36.93	F1	
17	−71.26					57.34
		22.82	1			
18	−28.91					57.82
		2.22	1.6126	58.34	TK16	
19	−71.37					96.14

$f' = 50.002$；$S'_{F'} = 13.134$

孔径光阑距第 10 表面 0.39mm,直径 $\phi_D = 6.46$mm

(A. d. at 0.39mm from the 10th surface, $\phi_D = 6.46$mm)

"Russar-38^n"物镜
(Objective Lens "Russar-38^n")

$f'=36.324 \quad S'_{F'}=31.285 \quad 2\omega=148° \quad D/f'=1 : 7.7$

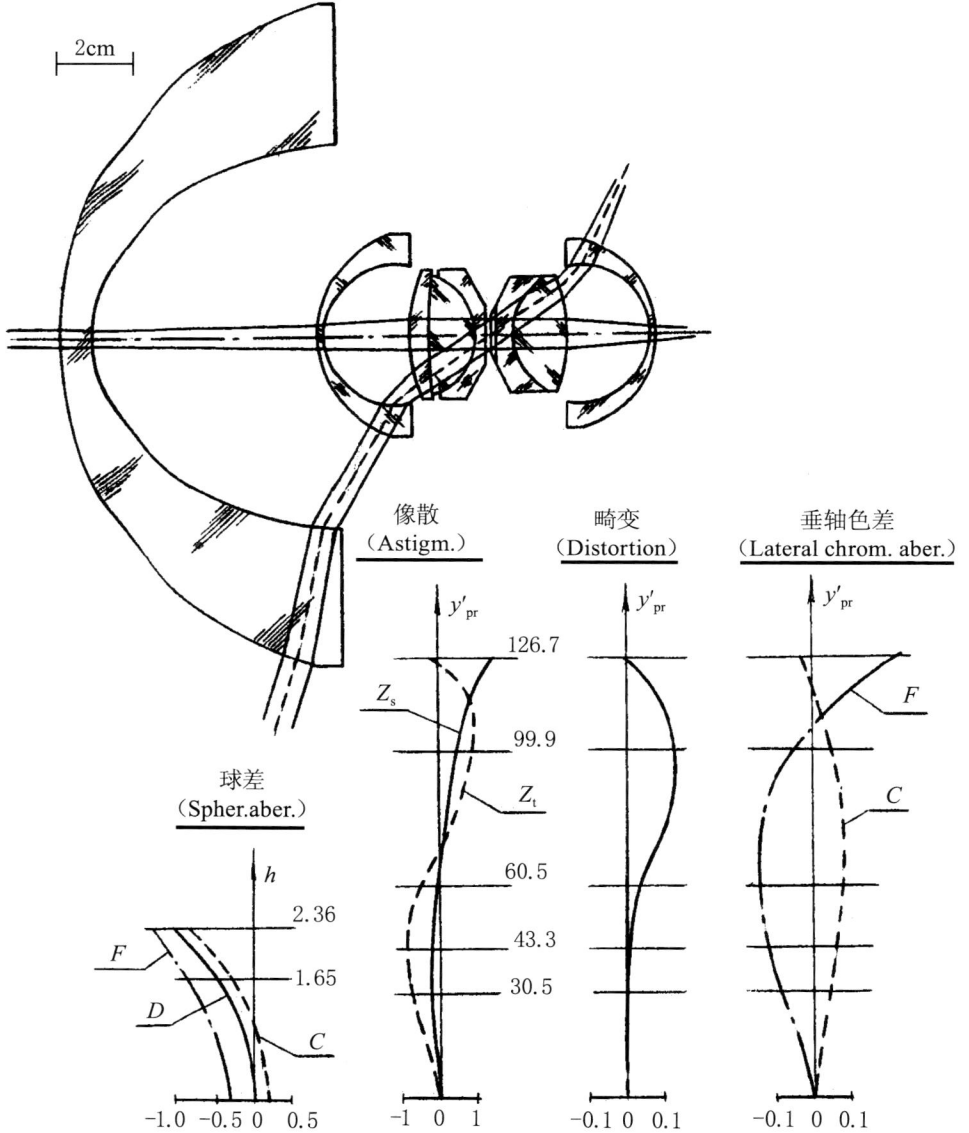

2cm

像散
（Astigm.）

畸变
（Distortion）

垂轴色差
（Lateral chrom. aber.）

y'_{pr}

y'_{pr}

y'_{pr}

126.7

99.9

Z_s

Z_t

F

C

60.5

43.3

30.5

球差
（Spher.aber.）

h

2.36

1.65

F

D

C

-1.0 -0.5 0 0.5

-1 0 1

-0.1 0 0.1

-0.1 0 0.1

"Russar-38^n"镜头结构参数
(Constructive Dates of "Russar-38^n")

表 38

(Table 38)

透镜表面序号 (Surface No.)	r	d	n_D	ν_D	玻璃牌号 (Sort of glass)	ϕ_D
1	95.54					182.64
		9.06	1.6126	58.34	TK16	
2	41.68*					107.38
		60.07	1			
3	28.09					54.68
		1.53	1.6126	58.34	TK16	
4	18.94					36.82
		22.65	1			
5	49.84					33.40
		5.44	1.6128	36.93	F1	
6	181.52					29.54
		12.23	1.6126	58.34	TK16	
7	−17.008					18.80
		2.72	1.5480	45.85	LF10	
8	∞					10.38
		0.45	1			
9	∞			滤光片		8.90
		1.48	1.5163	(Light filter)	K8	
10	∞					10.24
		4.49	1.5480	45.85	LF10	
11	19.02					21.68
		14.27	1.6126	58.34	TK16	
12	−45.31					31.14
		22.29	1			
13	−18.48					36.48
		1.45	1.7172	29.50	TF3	
14	−26.66					51.58

$f' = 36.324$；$S'_{F'} = 31.285$

孔径光阑与第 9 表面重合,直径 $\phi_D = 8.9$mm

(A. d. coincides with the 9th surface, $\phi_D = 8.9$mm)

* 非球面表面方程(Aspherical surface is formed by the function):

$y^2 = 83.36z - 0.64217z^2 - 1.754664 \cdot 10^{-4} z^3 + 1.07025 \cdot 10^{-5} z^4$

"Russar-39ˣ"物镜
(Objective Lens "Russar-39ˣ")

$f' = 36.000$ $S'_{F'} = 0.037$ $2\omega = 123°$ $D/f' = 1 : 6.8$

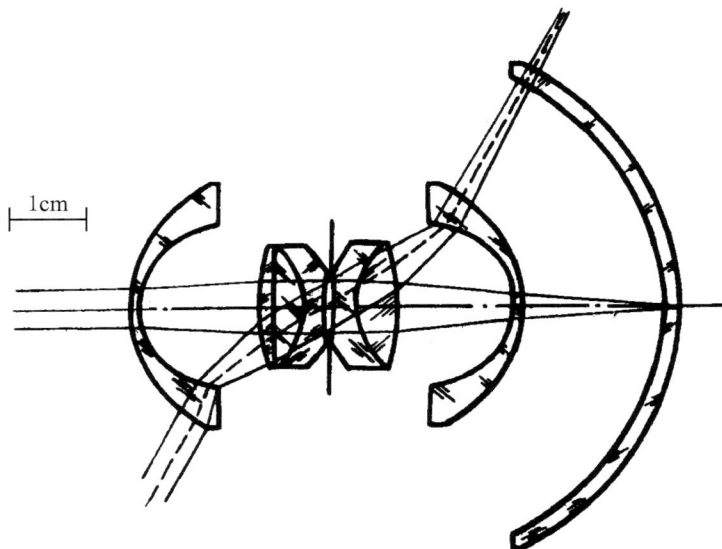

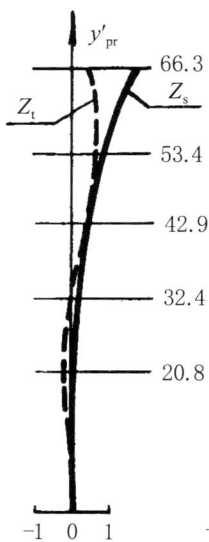

球差 （Spher.aber.）	像散 （Astigm.）	畸变 （Distortion）	垂轴色差 （Lateral chrom. aber.）

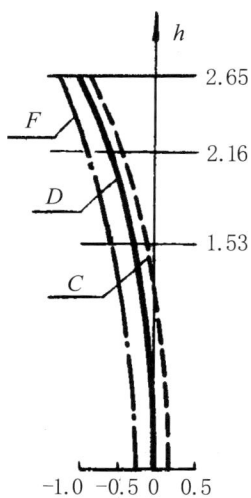

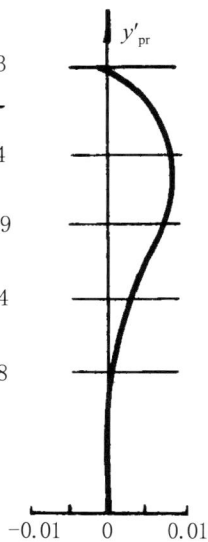

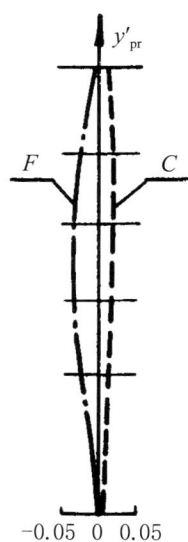

"Russar-39ˣ"镜头结构参数
(Constructive Dates of "Russar-39ˣ")

表 39

(Table 39)

透镜表面序号 (Surface No.)	r	d	n_D	ν_D	玻璃牌号 (Sort of glass)	ϕ_D
1	18.81					33.34
		1.14	1.6126	58.34	TK16	
2	11.02					21.96
		15.65	1			
3	28.45					15.76
		1.36	1.6128	36.93	F1	
4	85.35					15.18
		4.32	1.6126	58.34	TK16	
5	−11.21					13.44
		2.28	1.5480	45.85	LF10	
6	227.6					7.82
		0.83	1			
7	−221.9					7.72
		3.01	1.5480	45.85	LF10	
8	10.94					14.42
		5.55	1.6126	58.34	TK16	
9	−27.74					15.94
		15.26	1			
10	−10.77					21.52
		1.11	1.6126	58.34	TK16	
11	−18.307					32.02
		18.21	1			
12	−34.44					61.24
		2.0	1.5399	59.65	BK6	
13	−36.44					64.70

$f' = 36.000; \quad S'_{F'} = 0.037$

孔径光阑距第 6 表面 0.415mm，直径 $\phi_D = 6.80$mm

(A. d. at 0.415mm from the 6th surface, $\phi_D = 6.80$mm)

"Russar-40ˣ"物镜
(Objective Lens "Russar-40ˣ")

$f' = 62.226 \quad S'_{F'} = 0.009 \quad 2\omega = 104° \quad D/f' = 1 : 6.8$

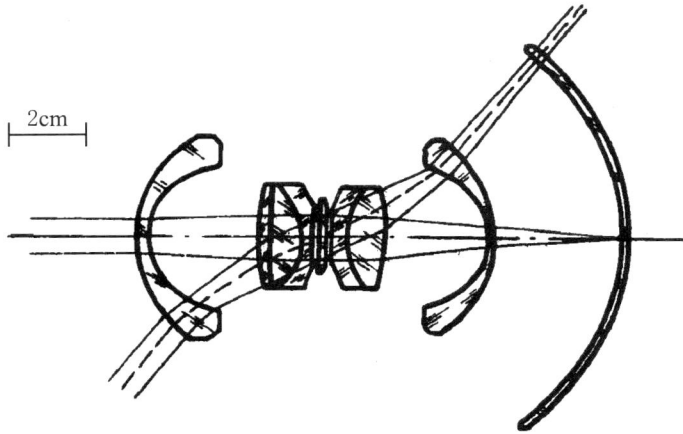

2cm

球差
（Spher.aber.）

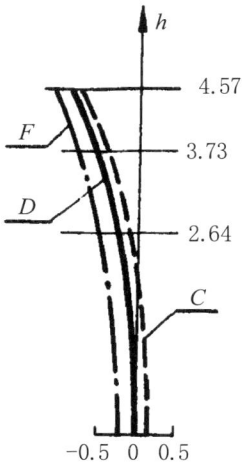

像散
（Astigm.）

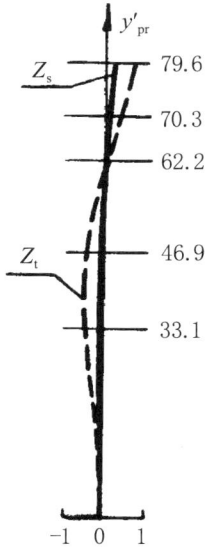

畸变
（Distortion）

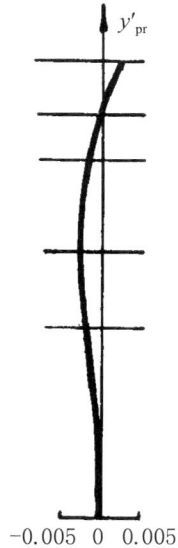

垂轴色差
（Lateral chrom. aber.）

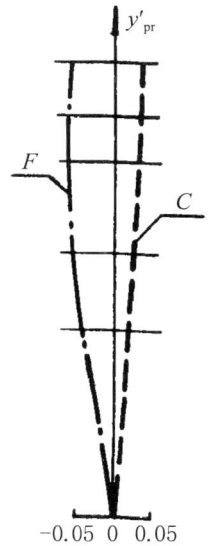

h

4.57

3.73

2.64

F

D

C

−0.5　0　0.5

y'_{pr}

Z_s

79.6

70.3

62.2

Z_t

46.9

33.1

−1　0　1

y'_{pr}

−0.005　0　0.005

y'_{pr}

F

C

−0.05　0　0.05

"Russar-40^x"镜头结构参数
(Constructive Dates of "Russar-40^x")

表 40

(Table 40)

透镜表面序号 (Surface No.)	r	d	n_D	ν_D	玻璃牌号 (Sort of glass)	ϕ_D
1	33.05					52.96
		2.0	1.6126	58.34	TK16	
2	19.38					38.44
		27.5	1			
3	50.0					25.00
		2.4	1.6128	36.93	F1	
4	150.0					23.90
		7.6	1.6126	58.34	TK16	
5	−19.7					20.16
		4.0	1.5480	45.85	LF10	
6	400.0					13.30
		0.15	1			
7	∞					13.12
		1.39	1.5163	滤光片	K8	
8	∞			(Light filter)		11.70
		1.32	1			
9	390.0					13.88
		3.9	1.5480	45.85	LF10	
10	19.21					20.48
		9.75	1.6126	58.34	TK16	
11	−48.75					24.70
		26.81	1			
12	−18.9					37.30
		1.95	1.6126	58.34	TK16	
13	−31.76					50.32
		32.6	1			
14	−61.08					97.84
		2.0	1.5163	64.05	K8	
15	−63.08					100.94

$f'=62.226$; $S'_{F'}=0.009$

孔径光阑与第 8 表面重合,直径 $\phi_D=11.70$mm

(A. d. coincides with the 8th surface, $\phi_D=11.70$mm)

81

"Russar-41"物镜
(Objective Lens "Russar-41")

$f' = 205.263 \quad S'_{F'} = 0.010 \quad 2\omega = 120° \quad D/f' = 1 : 9$

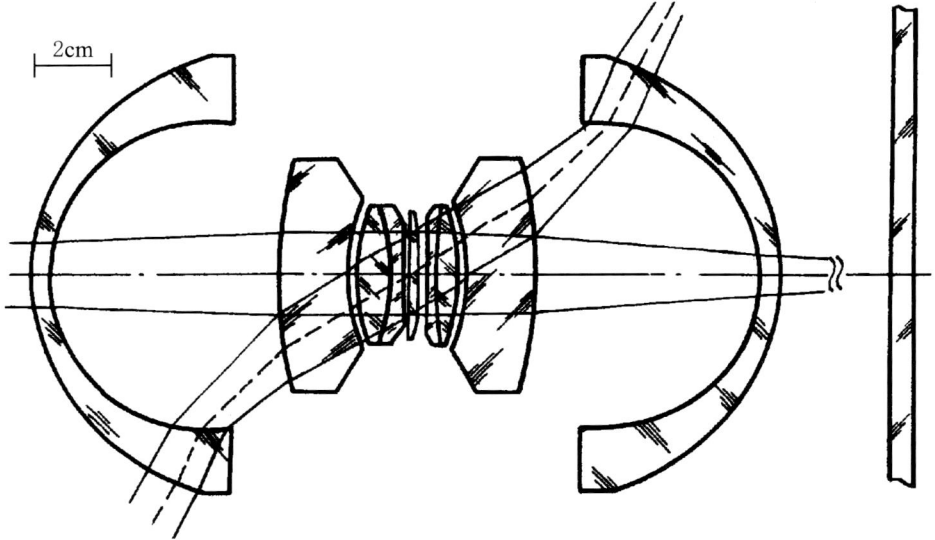

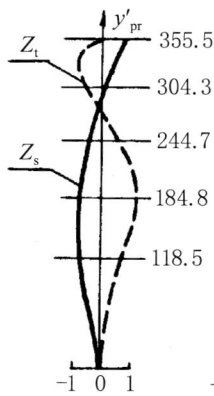

球差 (Spher.aber.)	像散 (Astigm.)	畸变 (Distortion)	垂轴色差 (Lateral chrom. aber.)

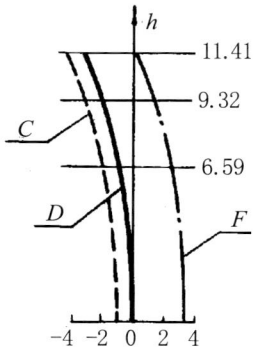

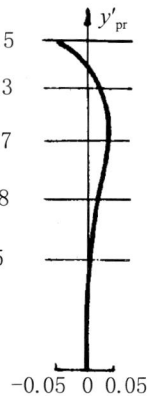

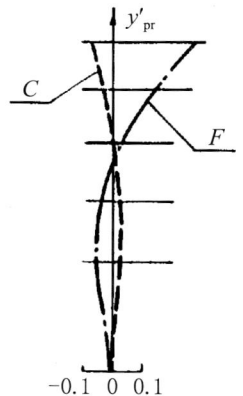

"Russar-41"镜头结构参数
(Constructive Dates of "Russar-41")

表 41

(Table 41)

透镜表面序号 (Surface No.)	r	d	n_D	ν_D	玻璃牌号 (Sort of glass)	ϕ_D
1	77.29					147.90
2	52.71	5.87	1.6126	58.34	TK16	104.68
3	168.96	75.09	1			72.70
4	68.05	22.53	1.5480	45.85	LF10	47.44
5	68.05	3.05	1			44.14
6	−80.0	11.02	1.6126	58.34	TK16	38.88
7	∞	4.0	1.6128	36.93	F1	32.06
8	∞	0.23	1			31.52
9	∞	2.93	1.5163	滤光片 (Light filter)	K8	28.14
10	∞	3.41	1			35.78
11	150.0	3.0	1.6128	36.93	F1	40.32
12	−67.59	7.72	1.6126	58.34	TK16	43.26
13	−67.59	3.03	1			46.46
14	−167.95	22.39	1.5480	45.85	LF10	71.08
15	−52.4	74.64	1			104.40
16	−77.64	5.83	1.6140	40.02	BF21	146.80
17	−34000.0	114.03	1			697.76
18	∞	7.5	1.5163	64.05	K8	710.92

$f'=205.263$；$S'_{F'}=0.010$

孔径光阑与第 9 表面重合，直径 $\phi_D=28.14mm$

(A. d. coincides with the 9th surface，$\phi_D=28.14mm$)

"Russar-42"物镜
(Objective Lens "Russar-42")

$$f' = 100.062 \quad S'_{F'} = 61.852 \quad 2\omega = 103°36' \quad D/f' = 1 : 9$$

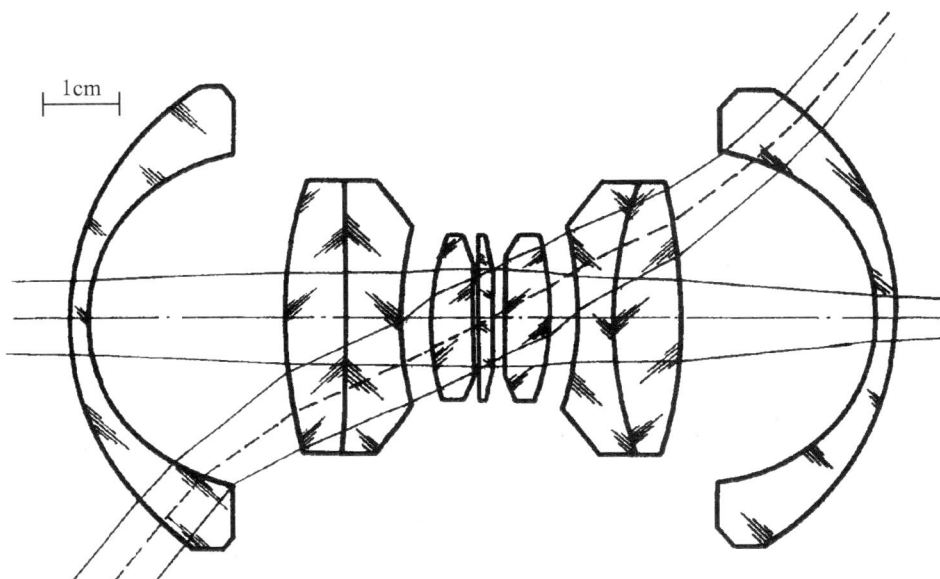

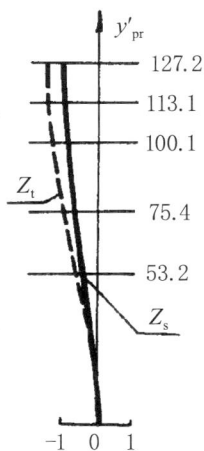

球差 (Spher.aber.)	像散 (Astigm.)	畸变 (Distortion)	垂轴色差 (Lateral chrom. aber.)

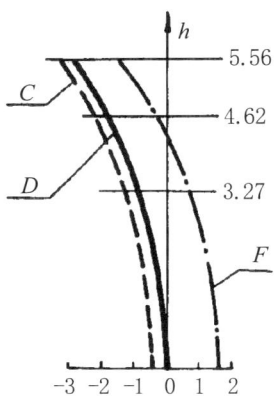

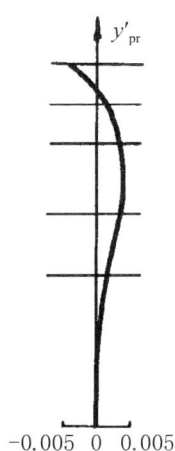

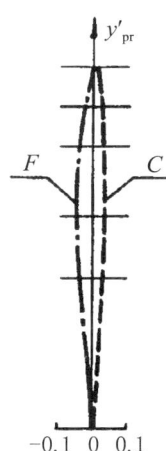

"Russar-42"镜头结构参数
(Constructive Dates of "Russar-42")

表 42

(Table 42)

透镜表面序号 (Surface No.)	r	d	n_D	ν_D	玻璃牌号 (Sort of glass)	ϕ_D
1	43.19					69.90
		2.8	1.6126	58.34	TK16	
2	26.07					51.52
		29.16	1			
3	76.26					39.82
		8.97	1.6126	58.34	TK16	
4	−280.38					34.46
		6.73	1.6128	36.93	F1	
5	45.98					26.02
		4.49	1			
6	41.5					21.36
		6.56	1.6126	58.34	TK16	
7	∞					16.72
		0.17	1			
8	∞			滤光片		16.42
		2.23	1.5163	(Light filter)	K8	
9	∞					14.26
		1.8	1			
10	∞					17.26
		6.5	1.6126	58.34	TK16	
11	−41.08					21.62
		4.44	1			
12	−45.52					25.94
		5.0	1.6128	36.93	F1	
13	61.09					34.22
		10.53	1.6126	58.34	TK16	
14	−75.5					39.10
		28.87	1			
15	−25.81					50.76
		2.78	1.6126	58.34	TK16	
16	−42.27					67.80

$f' = 100.062; \quad S'_{F'} = 61.852$

孔径光阑与第 9 表面重合,直径 $\phi_D = 14.26\text{mm}$

(A. d. coincides with the 9th surface, $\phi_D = 14.26\text{mm}$)

"Russar-43"物镜
(Objective Lens "Russar-43")

$$f'=139.808 \quad S'_{F'}=93.727 \quad 2\omega=85° \quad D/f'=1 \vdots 6.8$$

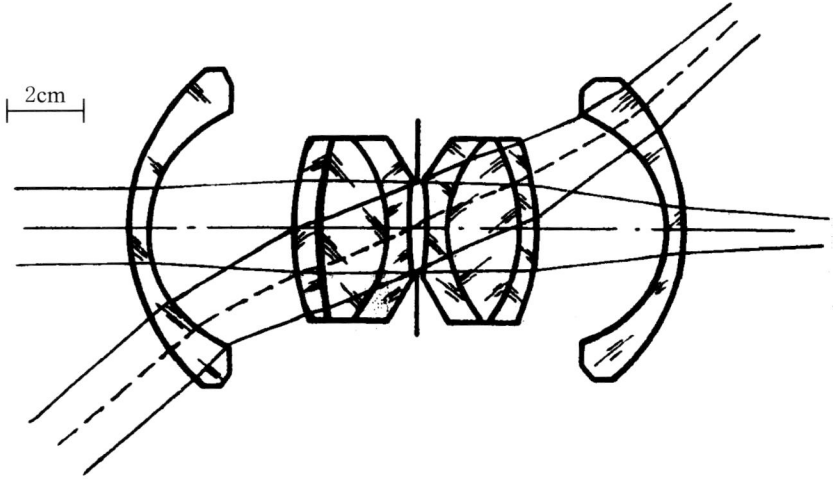

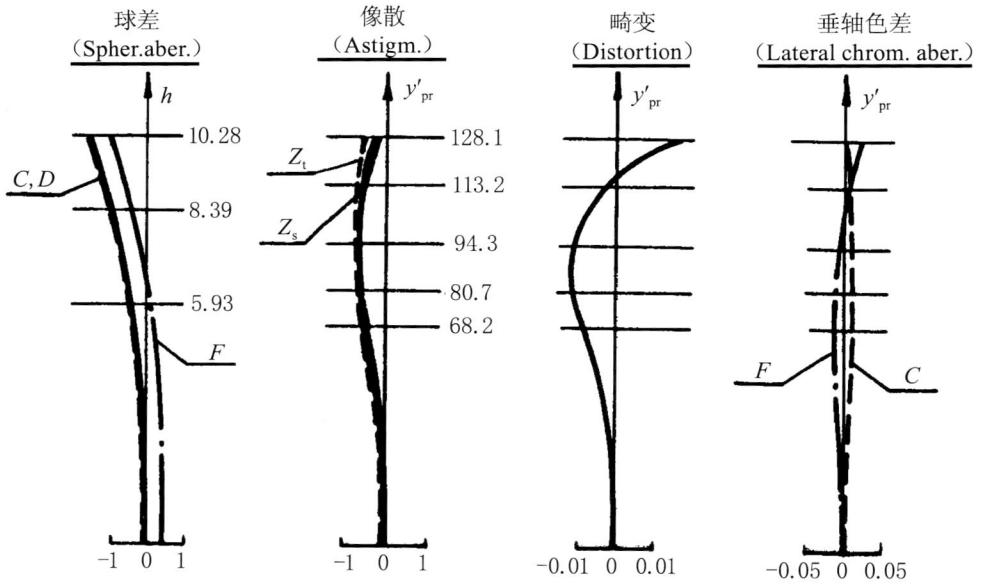

球差 (Spher.aber.)	像散 (Astigm.)	畸变 (Distortion)	垂轴色差 (Lateral chrom. aber.)

"Russar-43"镜头结构参数
(Constructive Dates of "Russar-43")

表 43

(Table 43)

透镜表面序号 (Surface No.)	r	d	n_D	ν_D	玻璃牌号 (Sort of glass)	ϕ_D
1	58.39					82.50
		4.3	1.6126	58.34	TK16	
2	34.46					64.48
		35.51	1			
3	72.0					48.52
		5.65	1.6128	36.93	F1	
4	118.04					45.46
		18.01	1.6126	58.34	TK16	
5	−38.42					35.96
		5.88	1.5480	45.85	LF10	
6	259.35					25.68
		4.25	1			
7	−253.5					27.24
		5.76	1.5480	45.85	LF10	
8	37.53					36.96
		19.0	1.6126	58.34	TK16	
9	−47.98					43.74
		4.12	1.6128	36.93	F1	
10	−70.37					47.72
		34.7	1			
11	−33.62					62.08
		4.2	1.6126	58.34	TK16	
12	−56.15					78.00

$f' = 139.808; \quad S'_{F'} = 93.727$

孔径光阑距第 6 表面 1.5mm,直径 $\phi_D = 23.70\text{mm}$

(A. d. at 1.5mm from the 6th surface, $\phi_D = 23.70\text{mm}$)

"Russar-44"物镜
(Objective Lens "Russar-44")

$$f'=99.155 \quad S'_{F'}=60.826 \quad 2\omega=103°36' \quad D/f'=1:6.8$$

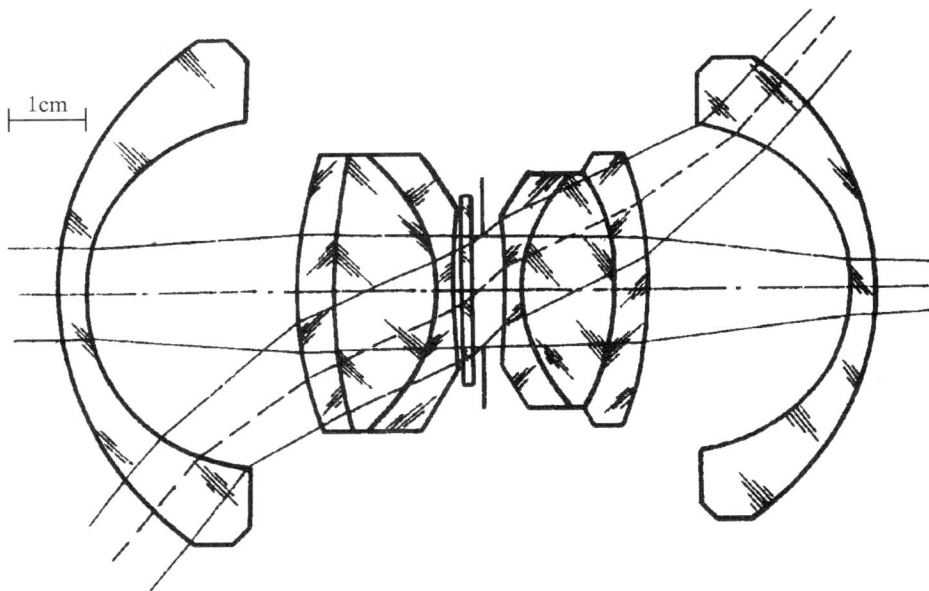

球差 (Spher.aber.)	像散 (Astigm.)	畸变 (Distortion)	垂轴色差 (Lateral chrom. aber.)

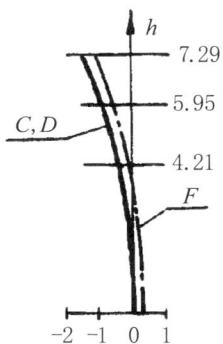
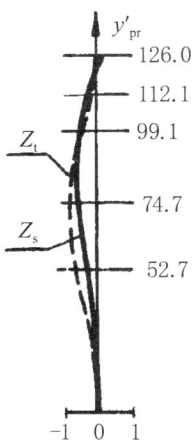
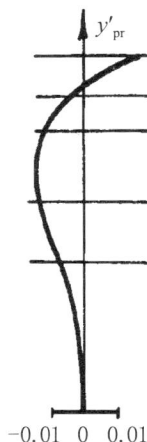
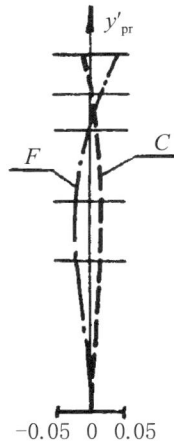

"Russar-44"镜头结构参数
(Constructive Dates of "Russar-44")

表 44

(Table 44)

透镜表面序号 (Surface No.)	r	d	n_D	ν_D	玻璃牌号 (Sort of glass)	ϕ_D
1	48.71					78.14
		4.12	1.6126	58.34	TK16	
2	28.04					55.56
		32.64	1			
3	69.1					42.48
		5.25	1.6128	36.93	F1	
4	99.01					38.94
		14.9	1.6126	58.34	TK16	
5	−29.02					31.18
		3.26	1.5480	45.85	LF10	
6	567.64					22.52
		0.17	1			
7	∞				滤光片	22.40
		1.42	1.5163		(Light filter) K8	
8	∞					20.84
		4.43	1			
9	−528.75					23.10
		3.03	1.5480	45.85	LF10	
10	26.77					31.80
		14.05	1.6126	58.34	TK16	
11	−36.95					35.46
		4.72	1.6128	36.93	F1	
12	−64.36					40.54
		30.42	1			
13	−26.48					52.14
		30.85	1.6126	58.34	TK16	
14	−46.1					71.94

$f' = 99.155$；　$S'_{F'} = 60.826$

孔径光阑距第 8 表面 1.5mm,直径 $\phi_D = 17.64$mm

(A. d. at 1.5mm from the 8th surface, $\phi_D = 17.64$mm)

"Russar-44ᵃ"物镜
(Objective Lens "Russar-44ᵃ")

$$f' = 98.884 \quad S'_{F'} = 60.543 \quad 2\omega = 103°36' \quad D/f' = 1 : 6.8$$

球差 (Spher.aber.)	像散 (Astigm.)	畸变 (Distortion)	垂轴色差 (Lateral chrom. aber.)

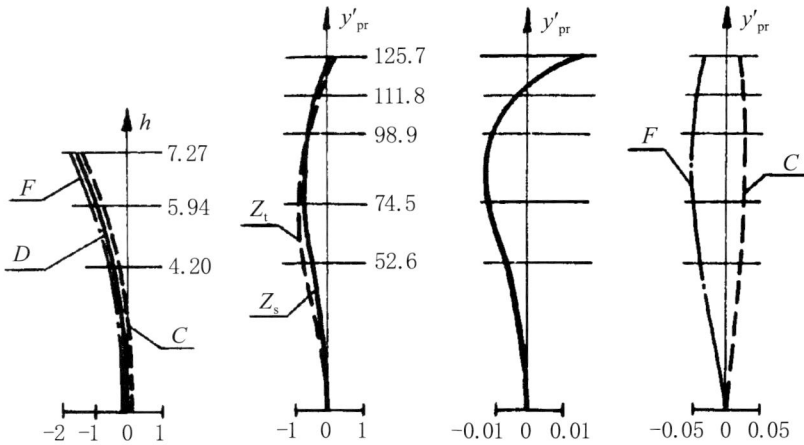

"Russar-44ᵃ"镜头结构参数
(Constructive Dates of "Russar-44ᵃ")

表 45

(Table 45)

透镜表面序号 (Surface No.)	r	d	n_D	ν_D	玻璃牌号 (Sort of glass)	ϕ_D
1	48.71					78.38
2	28.04	4.12	1.6126	58.34	TK16	55.62
3	69.1	32.64	1			42.88
4	99.01	5.25	1.6128	36.93	F1	39.38
5	−29.02	14.9	1.6126	58.34	TK16	31.92
6	567.64	3.97	1.5480	45.85	LF10	22.24
7	−528.75	4.64	1			21.94
8	26.77	3.74	1.5480	45.85	LF10	31.12
9	−64.36	18.77	1.6130	60.57	TK14	40.20
10	−26.48	30.42	1			52.08
11	−46.14	3.85	1.6126	58.34	TK16	71.80

$f' = 98.884$；　$S'_{F'} = 60.543$

孔径光阑距第 6 表面 2.3mm，直径 $\phi_D = 17.56$mm

(A. d. at 2.3mm from the 6th surface，$\phi_D = 17.56$mm)

"Russar-44^b"物镜
(Objective Lens "Russar-44^b")

$f'=97.966$　$S'_{F'}=59.613$　$2\omega=103°36'$　$D/f'=1:6.8$

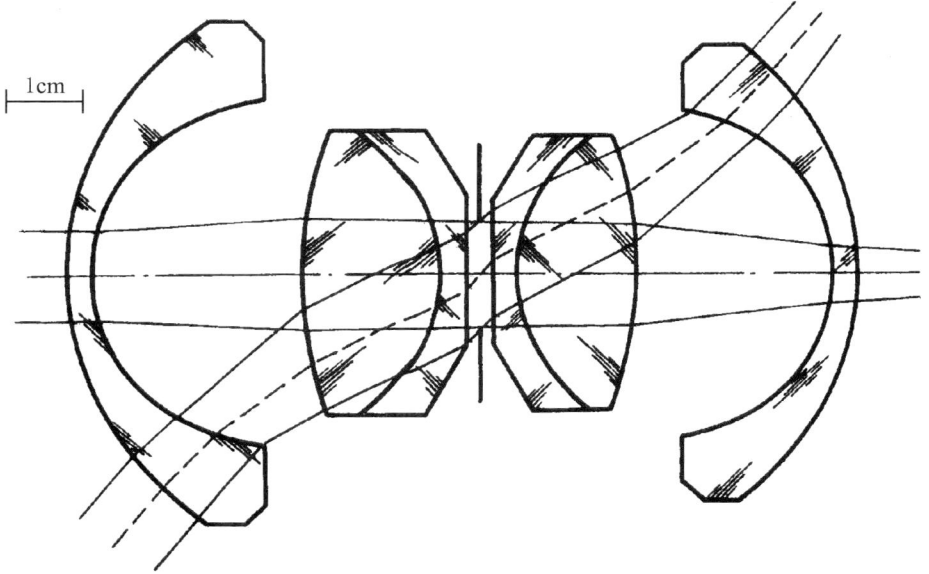

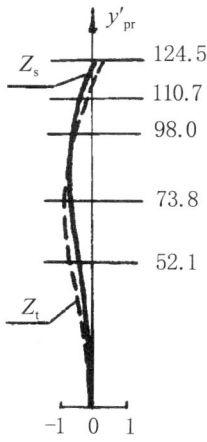

球差 （Spher.aber.）	像散 （Astigm.）	畸变 （Distortion）	垂轴色差 （Lateral chrom. aber.）

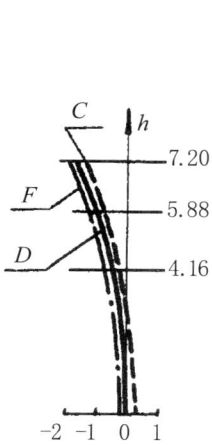

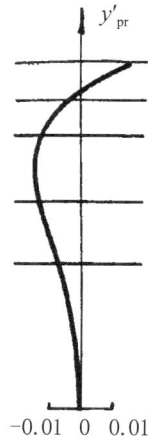

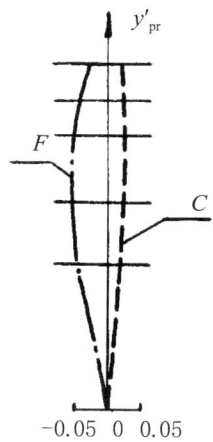

"Russar-44ᵇ"镜头结构参数
(Constructive Dates of "Russar-44ᵇ")

表 46

(Table 46)

透镜表面序号 (Surface No.)	r	d	n_D	ν_D	玻璃牌号 (Sort of glass)	ϕ_D
1	48.71					78.36
		4.13	1.6130	60.57	TK14	
2	28.04					55.60
		32.77	1			
3	69.1					42.74
		20.15	1.6140	55.11	TK8	
4	−29.02					31.70
		3.97	1.5480	45.85	LF10	
5	567.64					22.08
		4.66	1			
6	−528.75					21.82
		3.74	1.5480	45.85	LF10	
7	26.77					30.92
		18.77	1.6130	60.57	TK14	
8	−64.36					40.10
		30.41	1			
9	−26.48					52.06
		3.85	1.6140	55.11	TK8	
10	−46.14					71.72

$f' = 97.966$；$S'_{F'} = 59.613$

孔径光阑距第 5 表面 2.3mm,直径 $\phi_D = 17.40$mm

(A. d. at 2.3mm from the 5ᵗʰ surface, $\phi_D = 17.40$mm)

"Russar-45"物镜
(Objective Lens "Russar-45")

$f' = 69.872 \quad S'_{F'} = 31.574 \quad 2\omega = 120° \quad D/f' = 1 : 6.8$

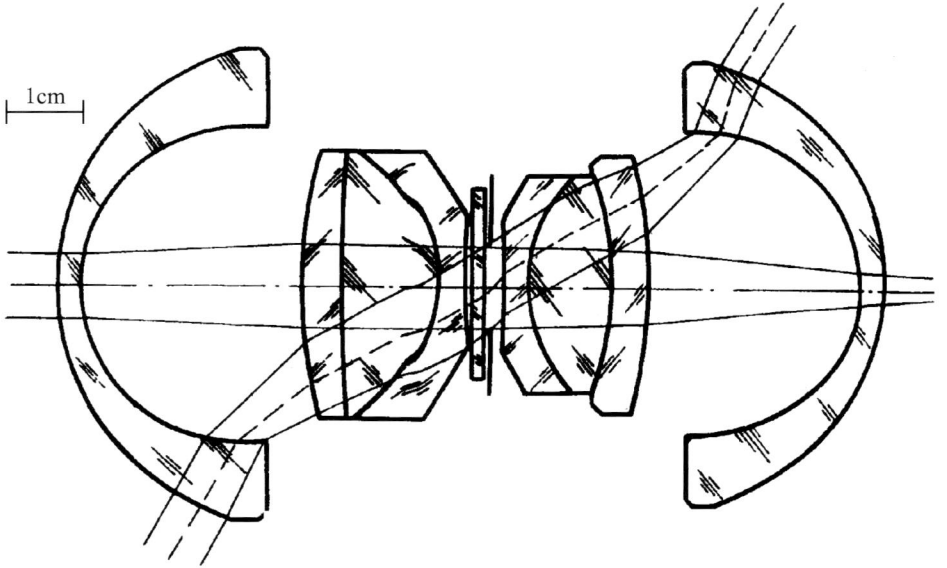

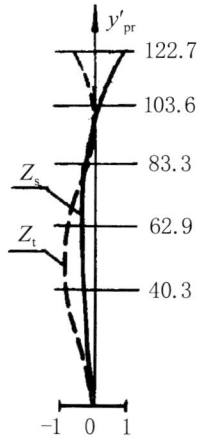

球差 (Spher.aber.)	像散 (Astigm.)	畸变 (Distortion)	垂轴色差 (Lateral chrom. aber.)

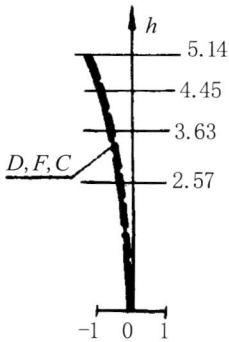

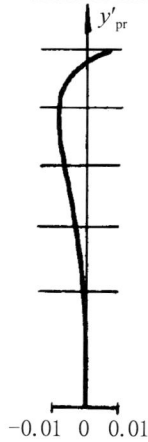

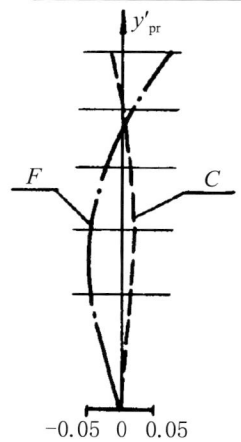

h: 5.14, 4.45, 3.63, 2.57

D,F,C

$-1 \quad 0 \quad 1$

y'_{pr}: 122.7, 103.6, 83.3, 62.9, 40.3

Z_s Z_t

$-1 \quad 0 \quad 1$

y'_{pr}

$-0.01 \quad 0 \quad 0.01$

y'_{pr}

F C

$-0.05 \quad 0 \quad 0.05$

"Russar-45"镜头结构参数
(Constructive Dates of "Russar-45")

表 47

(Table 47)

透镜表面序号 (Surface No.)	r	d	n_D	ν_D	玻璃牌号 (Sort of glass)	ϕ_D
1	38.96					73.34
		3.67	1.6919	55.00	STK12	
2	24.9					49.46
		33.55	1			
3	88.13					39.58
		5.87	1.6893	31.12	TF8	
4	256.9					35.80
		13.36	1.6919	55.00	STK12	
5	−25.25					28.32
		4.4	1.5749	41.30	LF5	
6	670.0					17.48
		0.07	1			
7	∞					17.44
		2.0	1.5163	滤光片 (Light filter)	K8	
8	∞					14.88
		2.49	1			
9	−643.0					16.88
		4.24	1.5749	41.30	LF5	
10	24.31					26.74
		12.66	1.6919	55.00	STK12	
11	−55.79					32.20
		5.86	1.6893	31.12	TF8	
12	−84.84					37.52
		32.3	1			
13	−24.0					47.88
		3.54	1.6919	55.00	STK12	
14	−36.9					69.02

$f' = 69.872;\quad S'_{F'} = 31.574$

孔径光阑距第 8 表面 0.8mm,直径 $\phi_D = 12.62$mm

(A. d. at 0.8mm from the 8th surface, $\phi_D = 12.62$mm)

95

"Russar-46"物镜
(Objective Lens "Russar-46")

$f'=69.921$　$S'_{F'}=0.001$　$2\omega=117°20'$　$D/f'=1 \colon 9$

2cm

球差
(Spher.aber.)

像散
(Astigm.)

畸变
(Distortion)

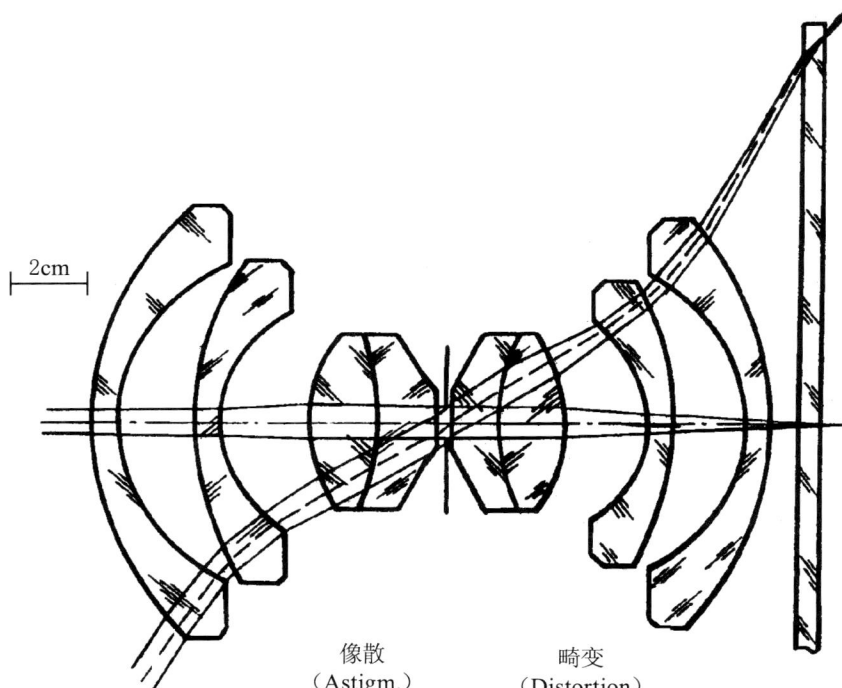

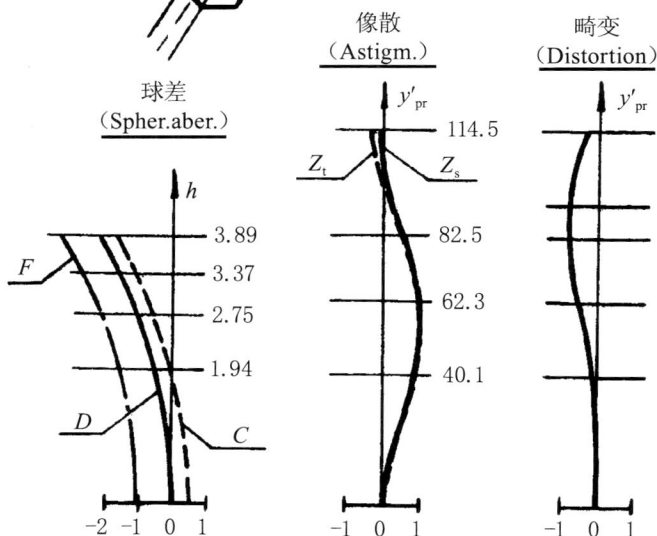

为纠正成像畸变，成像胶片内表面应适当变形。
(In order to correct the distortion, the inner surface of the imaging film should be properly deformed.)

"Russar-46"镜头结构参数
(Constructive Dates of "Russar-46")

表 48

(Table 48)

透镜表面序号 (Surface No.)	r	d	n_D	ν_D	玻璃牌号 (Sort of glass)	ϕ_D
1	88.18					126.20
		7.72	1.6126	58.34	TK16	
2	51.66					94.32
		21.88	1			
3	87.37					87.82
		7.72	1.6126	58.34	TK16	
4	37.78					64.48
		25.27	1			
5	45.93					49.48
		19.95	1.6126	58.34	TK16	
6	−64.94					38.42
		15.35	1.5480	45.85	LF10	
7	1287.0					15.56
		3.5	1			
8	−1203.5					13.82
		14.35	1.5480	45.85	LF10	
9	60.71					33.96
		18.65	1.6126	58.34	TK16	
10	−42.94					44.76
		23.63	1			
11	−35.33					58.94
		7.22	1.6126	58.34	TK16	
12	−83.6					79.64
		20.46	1			
13	−48.5					86.88
		7.22	1.6126	58.34	TK16	
14	−90.04					118.06
		8.39	1			
15	∞					220.20
		6.08	1.5163	64.06	K8	
16	∞					228.56

$f'=69.921$; $S'_{F'}=0.001$

孔径光阑距第 7 表面 2.0mm,直径 $\phi_D=9.98$mm

(A. d. at 2.0mm from the 7th surface, $\phi_D=9.98$mm)

"Russar-47ⁿ"物镜
(Objective Lens "Russar-47ⁿ")

$$f'=48.956 \quad S'_{F'}=41.614 \quad 2\omega=137°20' \quad D/f'=1:7.5$$

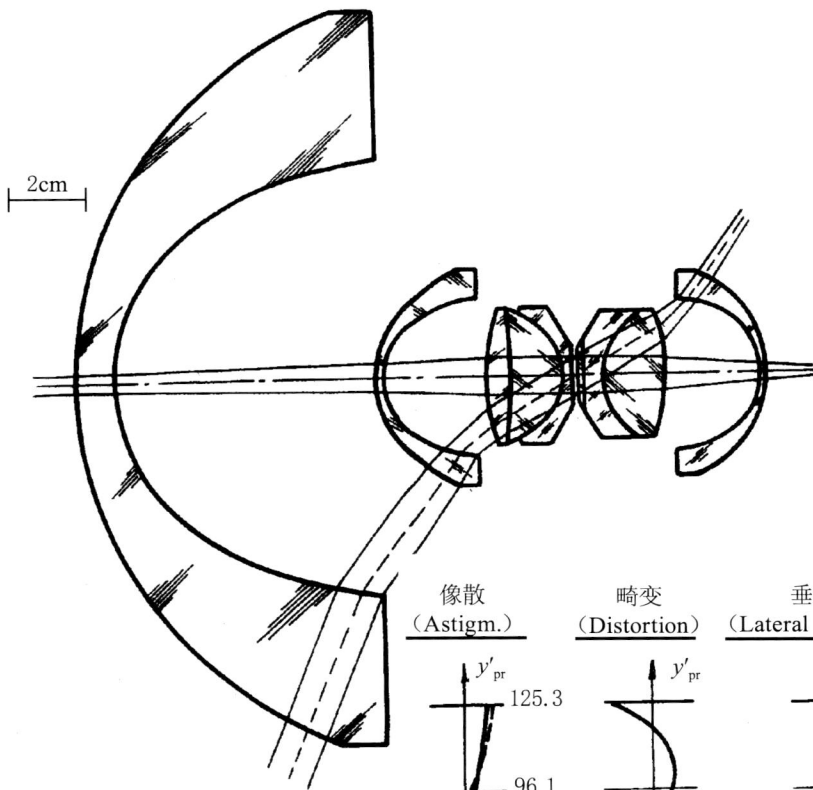

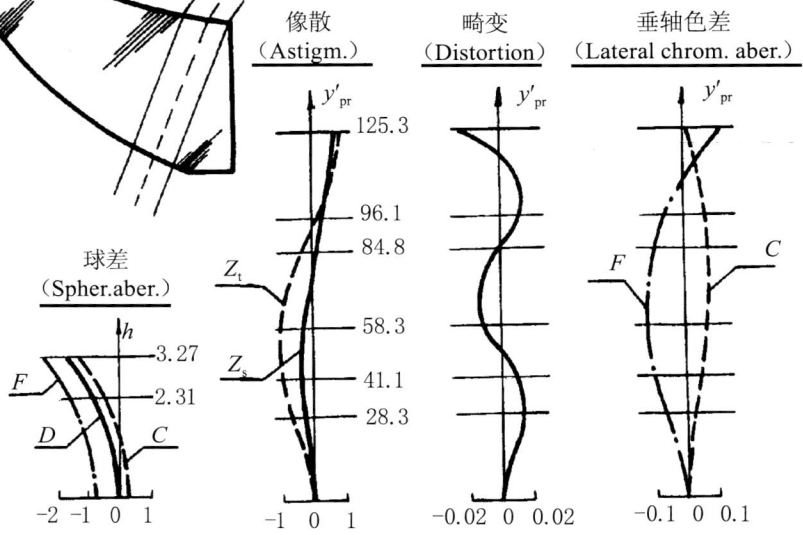

2cm

球差
(Spher.aber.)

像散
（Astigm.）

畸变
（Distortion）

垂轴色差
(Lateral chrom. aber.)

"Russar-47^n"镜头结构参数
(Constructive Dates of "Russar-47^n")

表 49
(Table 49)

透镜表面序号 (Surface No.)	r	d	n_D	ν_D	玻璃牌号 (Sort of glass)	ϕ_D
1	131.57					238.84
		12.47	1.6126	58.34	TK16	
2	57.38*					145.64
		82.95	1			
3	38.65					71.66
		2.11	1.6126	58.34	TK16	
4	25.92					51.76
		31.18	1			
5	68.65					42.10
		7.49	1.6128	36.93	F1	
6	−250.0					38.42
		16.84	1.6126	58.34	TK16	
7	−22.3					23.06
		3.75	1.5480	45.85	LF10	
8	∞					14.22
		0.62	1			
9	∞			滤光片		12.38
		2.04	1.5163	(Light filter)	K8	
10	∞					14.92
		6.18	1.5480	45.85	LF10	
11	24.88					27.32
		19.65	1.6126	58.34	TK16	
12	−62.38					39.72
		30.69	1			
13	−25.28					50.56
		2.0	1.7172	29.50	TF3	
14	−36.57					67.38

$f' = 48.956$； $S'_{F'} = 41.614$

孔径光阑与第 9 表面重合,直径 $\phi_D = 12.38$mm

(A. d. coincides with the 9th surface, $\phi_D = 12.38$mm)

* 非球面表面方程(Aspherical surface is formed by the equation)：

$$y^2 = 114.76z - 0.64217z^2 - 1.274588 \cdot 10^{-4}z^3 + 5.64726 \cdot 10^{-6}z^4$$

"Russar-48ⁿ"物镜
(Objective Lens "Russar-48ⁿ")

$f' = 69.950 \quad S'_{F'} = 89.279 \quad 2\omega = 120° \quad D/f' = 1 : 11$

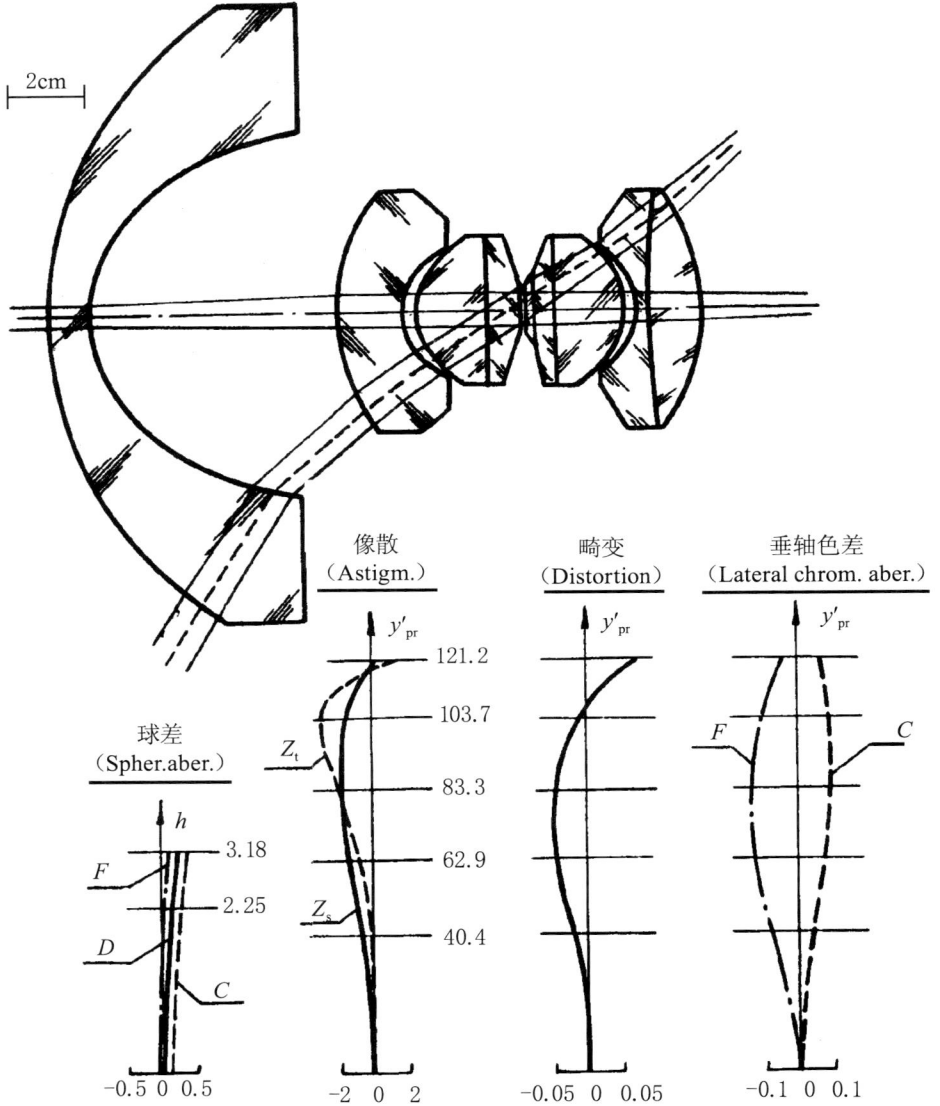

2cm

球差
（Spher.aber.）

h

3.18
2.25

F
D
C

−0.5 0 0.5

像散
（Astigm.）

y'_{pr}

121.2
103.7
83.3
62.9
40.4

Z_t
Z_s

−2 0 2

畸变
（Distortion）

y'_{pr}

−0.05 0 0.05

垂轴色差
（Lateral chrom. aber.）

y'_{pr}

F
C

−0.1 0 0.1

100

"Russar-48^n"镜头结构参数
(Constructive Dates of "Russar-48^n")

表 50

(Table 50)

透镜表面序号 (Surface No.)	r	d	n_D	ν_D	玻璃牌号 (Sort of glass)	ϕ_D
1	111.04					182.36
		12.27	1.6126	58.34	TK16	
2	42.94*					108.84
		69.61	1			
3	61.07					68.62
		18.68	1.6126	58.34	TK16	
4	21.3					37.28
		3.13	1			
5	24.87					36.96
		19.04	1.6126	58.34	TK16	
6	∞					22.56
		9.4	1.8060	25.36	TF10	
7	∞					11.88
		1.26	1			
8	∞			滤光片		11.88
		2.45	1.5163	(Light filter)	K8	
9	∞					15.32
		6.48	1.8060	25.36	TF10	
10	∞					22.50
		19.04	1.6126	58.34	TK16	
11	-24.87					36.66
		3.13	1			
12	-21.3					37.04
		3.68	1.6128	36.93	F1	
13	306.7					62.54
		15.0	1.6126	58.34	TK16	
14	-60.97					67.60

$f' = 69.950$；$S'_{F'} = 89.279$

孔径光阑距第 7 表面 0.6mm，直径 $\phi_D = 9.50$mm

(A. d. at 0.6mm from the 7th surface, $\phi_D = 9.50$mm)

* 非球面表面方程(Aspherical surface is formed by the equation)：

$y^2 = 85.88z - 0.620625z^2 + 9.78115 \cdot 10^{-5}z^3 + 3.93646 \cdot 10^{-6}z^4$

"Russar-49"物镜
(Objective Lens "Russar-49")

$f' = 100.002 \quad S'_{F'} = 52.694 \quad 2\omega = 104° \quad D/f' = 1 : 6.8$

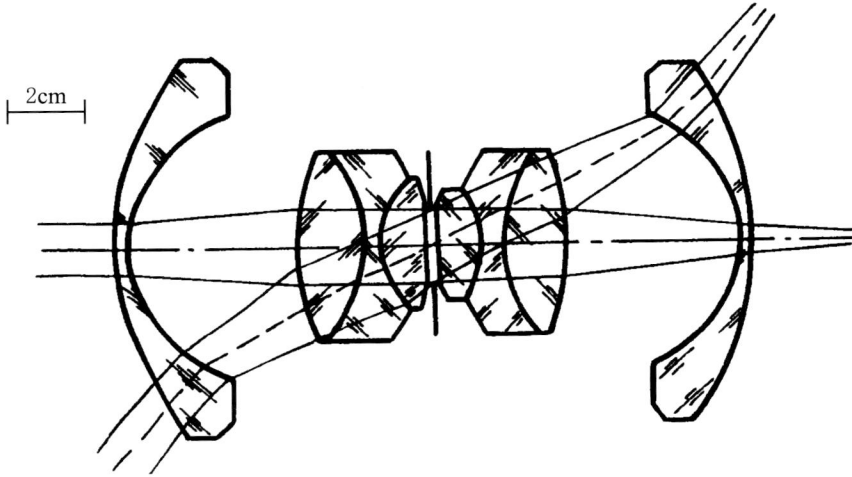

2cm

球差
（Spher.aber.）

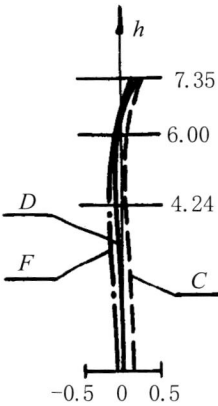

像散
（Astigm.）

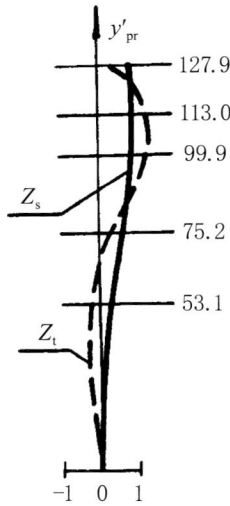

畸变
（Distortion）

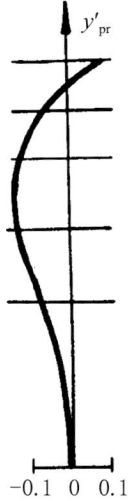

垂轴色差
（Lateral chrom. aber.）

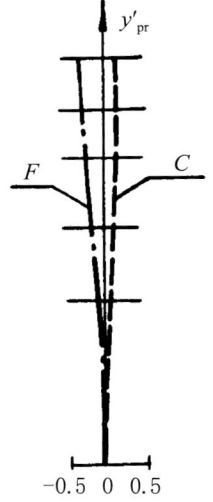

"Russar-49"镜头结构参数
(Constructive Dates of "Russar-49")

表 51

(Table 51)

透镜表面序号 (Surface No.)	r	d	n_D	ν_D	玻璃牌号 (Sort of glass)	ϕ_D
1	84.68					98.88
		3.04	1.6126	58.34	TK16	
2	36.21					70.02
		45.64	1			
3	66.94					50.34
		17.65	1.6126	58.34	TK16	
4	−38.19					46.26
		3.65	1.5480	53.94	BF4	
5	21.30					28.94
		12.17	1.5163	64.05	K8	
6	∞					22.48
		3.04	1			
7	∞					22.26
		12.17	1.5163	64.05	K8	
8	−21.30					28.48
		4.56	1.5480	53.94	BF4	
9	38.19					44.64
		16.74	1.6126	58.34	TK16	
10	−66.94					48.52
		45.64	1			
11	−35.75					68.18
		3.04	1.6126	58.34	TK16	
12	−85.74					94.48

$f' = 100.002$； $S'_{F'} = 52.694$

孔径光阑距第 6 表面 1.5mm，直径 $\phi_D = 19.72$mm

(A. d. at 1.5mm from the 6th surface，$\phi_D = 19.72$mm)

"Russar-49ᵃ"物镜
(Objective Lens "Russar-49ᵃ")

$$f' = 100.008 \quad S'_{F'} = 52.734 \quad 2\omega = 103° \quad D/f' = 1 : 6.8$$

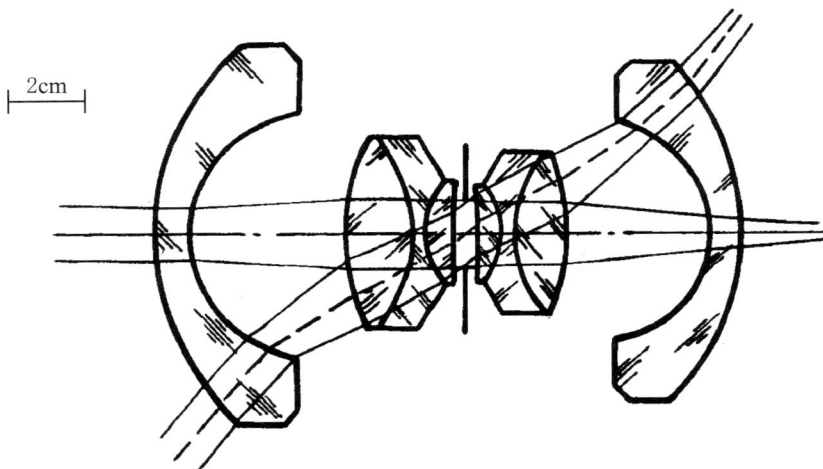

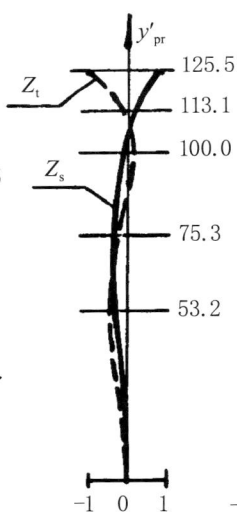

| 球差
(Spher.aber.) | 像散
(Astigm.) | 畸变
(Distortion) | 垂轴色差
(Lateral chrom. aber.) |

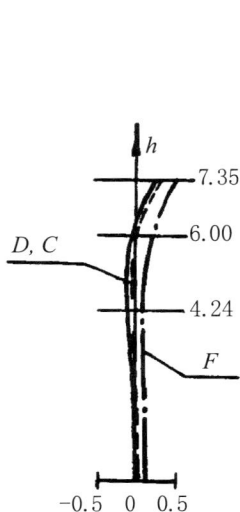

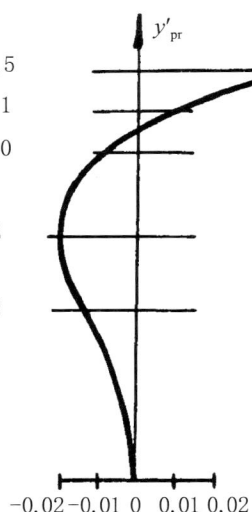

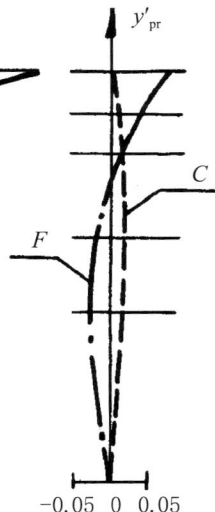

"Russar-49ᵃ"镜头结构参数
(Constructive Dates of "Russar-49ᵃ")

表 52

(Table 52)

透镜表面序号 (Surface No.)	r	d	n_D	ν_D	玻璃牌号 (Sort of glass)	ϕ_D
1	70.18					102.40
		9.57	1.6126	58.34	TK16	
2	34.11					66.98
		41.0	1			
3	60.14					48.32
		16.4	1.6126	58.34	TK16	
4	−40.05					43.64
		2.73	1.5480	53.94	BF4	
5	19.96					27.06
		8.47	1.5163	64.05	K8	
6	683.4					23.32
		4.82	1			
7	−598.2					21.74
		7.28	1.5163	64.05	K8	
8	−17.47					24.38
		2.39	1.5480	53.94	BF4	
9	35.14					38.86
		14.36	1.6126	58.34	TK16	
10	−52.65					42.56
		35.9	1			
11	−31.07					59.60
		9.02	1.6140	40.02	BF21	
12	−67.89					89.50

$f' = 100.008$；　$S'_{F'} = 52.734$

孔径光阑距第 6 表面 2.7mm，直径 $\phi_D = 17.66$mm

(A. d. at 2.7mm from the 6ᵗʰ surface, $\phi_D = 17.66$mm)

"Russar-49ᵇ"物镜
(Objective Lens "Russar-49ᵇ")

$f' = 99.755$　$S'_{F'} = 51.003$　$2\omega = 102°$　$D/f' = 1 : 6.8$

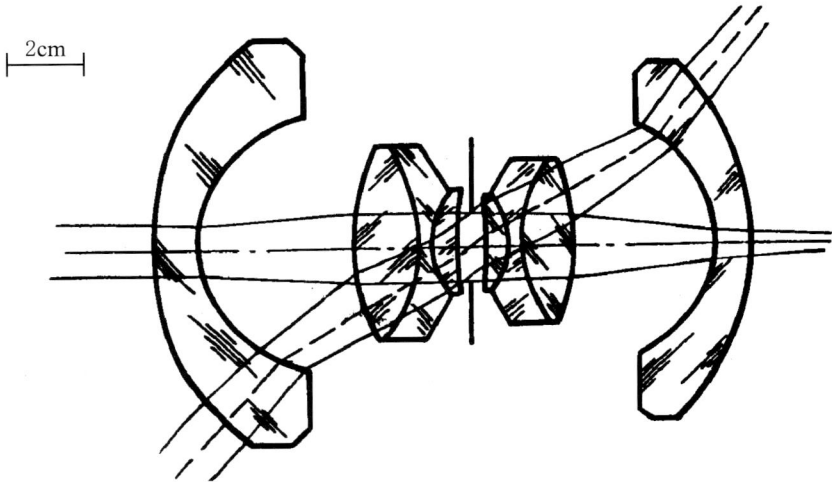

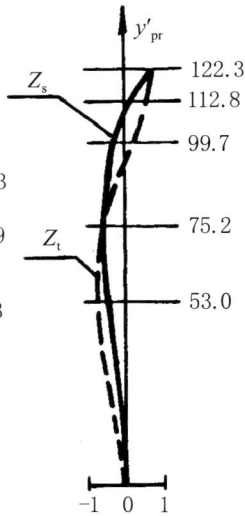

球差 (Spher.aber.)	像散 (Astigm.)	畸变 (Distortion)	垂轴色差 (Lateral chrom. aber.)

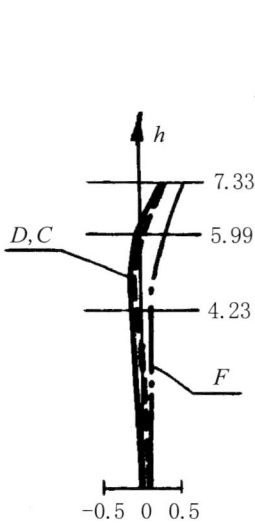

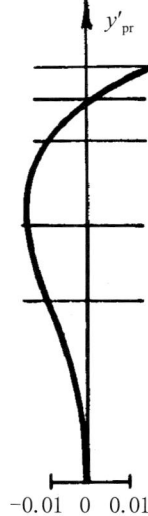

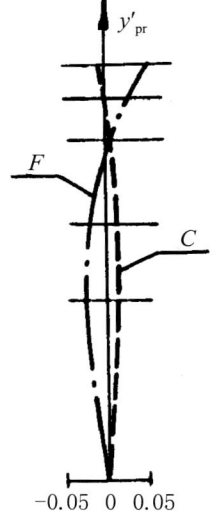

"Russar-49ᵇ"镜头结构参数
(Constructive Dates of "Russar-49ᵇ")

表 53

(Table 53)

透镜表面序号 (Surface No.)	r	d	n_D	ν_D	玻璃牌号 (Sort of glass)	ϕ_D
1	70.55					104.30
		11.57	1.6126	58.34	TK16	
2	34.18					66.98
		41.0	1			
3	60.14					47.72
		16.4	1.6126	58.34	TK16	
4	−41.05					42.30
		2.73	1.5480	53.94	BF4	
5	19.96					26.66
		7.47	1.5163	64.05	K8	
6	733.4					23.88
		5.56	1			
7	−637.8					22.14
		6.34	1.5163	64.05	K8	
8	−17.30					23.92
		2.37	1.5480	53.94	BF4	
9	35.66					37.70
		14.22	1.6126	58.34	TK16	
10	−52.12					41.84
		35.54	1			
11	−30.83					59.08
		10.71	1.6140	40.02	BF21	
12	−66.90					90.42

$f' = 99.755$；$S'_{F'} = 51.003$

孔径光阑距第 6 表面 3.1mm，直径 $\phi_D = 17.36$mm

(A. d. at 3.1mm from the 6ᵗʰ surface, $\phi_D = 17.36$mm)

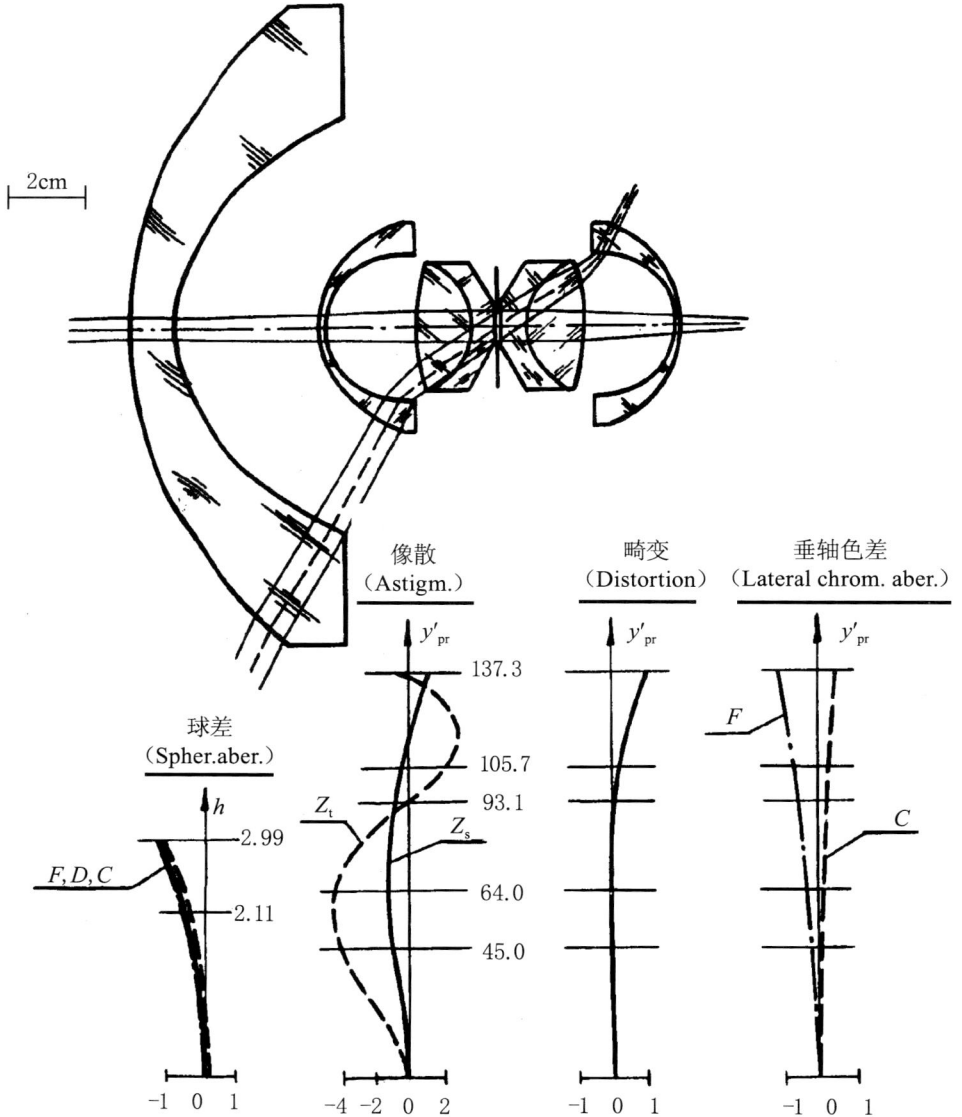

"Russar-50ⁿ"物镜
(Objective Lens "Russar-50ⁿ")

$f' = 53.709$ $S'_{F'} = 43.552$ $2\omega = 137°$ $D/f' = 1 : 9$

2cm

像散
(Astigm.)

y'_{pr}

137.3

105.7

93.1

64.0

45.0

Z_t

Z_s

畸变
(Distortion)

y'_{pr}

垂轴色差
(Lateral chrom. aber.)

y'_{pr}

F

C

球差
(Spher.aber.)

h

2.99

2.11

F, D, C

-1 0 1

-4 -2 0 2

-1 0 1

-1 0 1

"Russar-50ⁿ"镜头结构参数
(Constructive Dates of "Russar-50ⁿ")

表 54

(Table 54)

透镜表面序号 (Surface No.)	r	d	n_D	ν_D	玻璃牌号 (Sort of glass)	ϕ_D
1	125.0					187.58
		13.0	1.6126	58.34	TK16	
2	51.0*					124.78
		41.6	1			
3	32.11					61.72
		1.85	1.6126	58.34	TK16	
4	21.75					42.80
		27.18	1			
5	59.81					36.94
		17.2	1.6126	58.34	TK16	
6	−20.41					27.68
		7.26	1.5480	45.85	LF10	
7	∞					10.00
		0.6	1			
8	∞					10.94
		7.26	1.5480	45.85	LF10	
9	20.41					26.82
		17.2	1.6126	58.34	TK16	
10	−59.81					36.08
		27.18	1			
11	−21.75					43.24
		1.85	1.6126	58.34	TK16	
12	−32.11					60.58

$f'=53.709$；$S'_{F'}=43.552$

孔径光阑距第 7 表面 0.3mm,直径 $\phi_D=9.98$mm

(A. d. at 0.3mm from the 7th surface, $\phi_D=9.98$mm)

* 非球面表面方程(Aspherical surface is formed by the equation)：

$$y^2=102z-0.494906z^2+1.9 \cdot 10^{-3}z^3-3.4 \cdot 10^{-14}z^8$$

"Russar-51-Ⅰ"物镜
(Objective Lens "Russar-51-Ⅰ")

$f'=69.629 \quad S'_{F'}=35.772 \quad 2\omega=120° \quad D/f'=1:6.8$

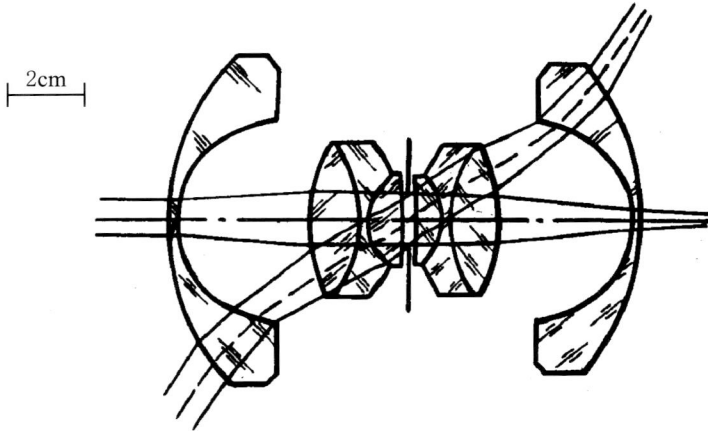

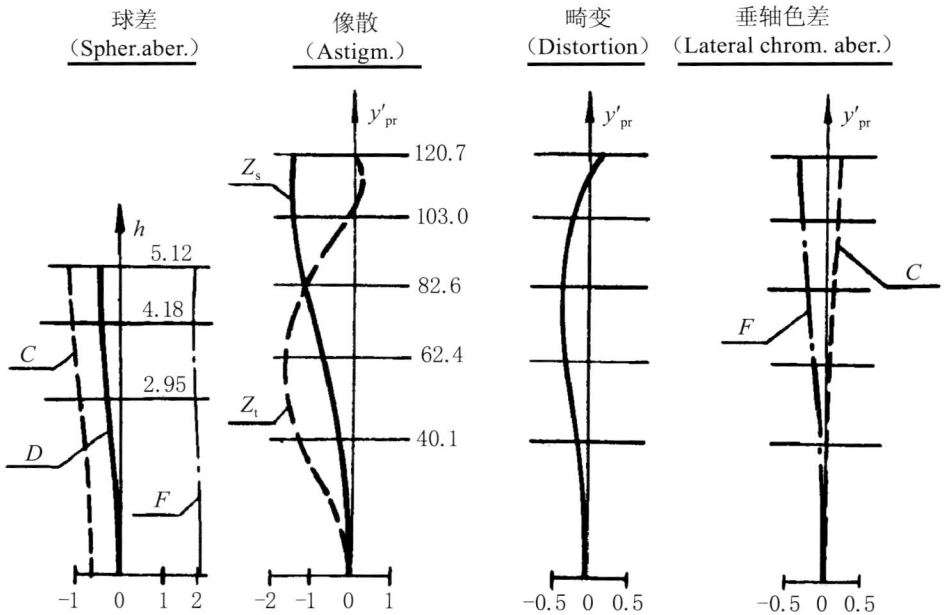

2cm

球差
（Spher.aber.）

像散
（Astigm.）

畸变
（Distortion）

垂轴色差
（Lateral chrom. aber.）

"Russar-51-Ⅰ"镜头结构参数
(Constructive Dates of "Russar-51-Ⅰ")

表 55

(Table 55)

透镜表面序号 (Surface No.)	r	d	n_D	ν_D	玻璃牌号 (Sort of glass)	ϕ_D
1	66.55					83.40
		2.2	1.6126	58.34	TK16	
2	27.54					54.58
		34.1	1			
3	46.20					34.42
		13.2	1.6126	58.34	TK16	
4	−32.12					36.22
		2.2	1.5480	45.85	LF10	
5	15.40					21.52
		7.7	1.5163	64.05	K8	
6	1100.0					17.50
		3.23	1			
7	−1067.0					17.14
		7.47	1.5163	64.05	K8	
8	−14.94					20.86
		2.13	1.5480	45.85	LF10	
9	31.15					34.00
		12.8	1.6126	58.34	TK16	
10	−44.81					37.50
		33.08	1			
11	−26.72					52.58
		2.13	1.6126	58.34	TK16	
12	−67.80					79.32

$f' = 69.629; \quad S'_{F'} = 35.772$

孔径光阑距第 6 表面 1.62mm，直径 $\phi_D = 13.64$mm

(A. d. at 1.62mm from the 6th surface, $\phi_D = 13.64$mm)

"Russar-51-Ⅱ"物镜
(Objective Lens "Russar-51-Ⅱ")

$$f'=69.274 \quad S'_{F'}=34.354 \quad 2\omega=114°36' \quad D/f'=1:6.8$$

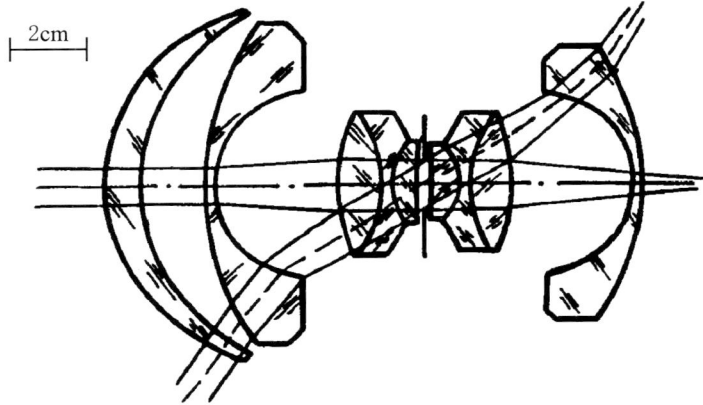

球差 （Spher.aber.）	像散 （Astigm.）	畸变 （Distortion）	垂轴色差 （Lateral chrom. aber.）

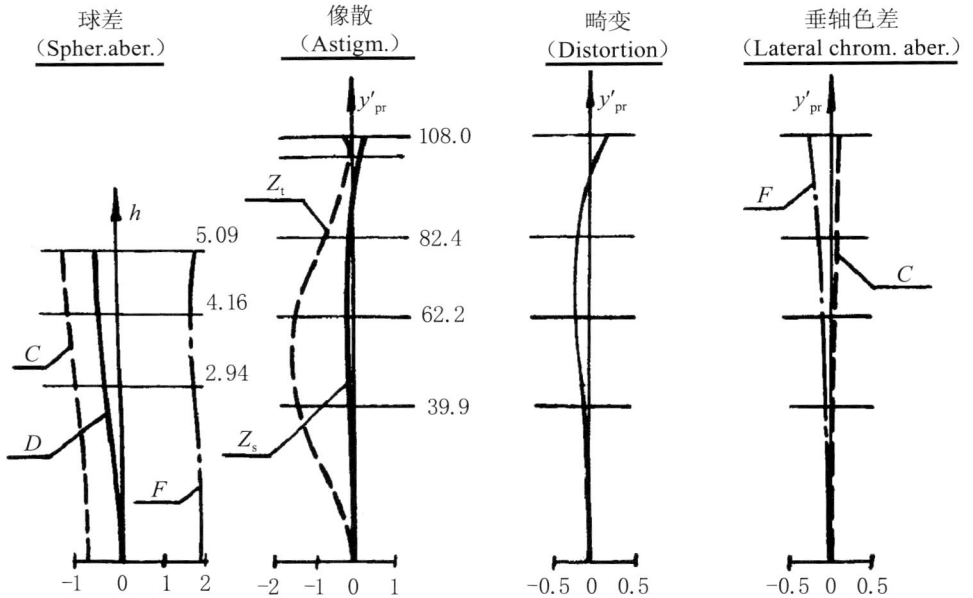

"Russar-51-Ⅱ"镜头结构参数
(Constructive Dates of "Russar-51-Ⅱ")

表 56

(Table 56)

透镜表面序号 (Surface No.)	r	d	n_D	ν_D	玻璃牌号 (Sort of glass)	ϕ_D
1	48.0					91.12
		8.5	1.5163	64.05	K8	
2	50.0					87.10
		16.0	1			
3	72.3					78.54
		2.0	1.6126	58.34	TK16	
4	25.04					49.52
		31.0	1			
5	42.0					35.70
		12.0	1.6126	58.34	TK16	
6	−29.2					32.74
		2.0	1.5480	45.85	LF10	
7	14.0					19.64
		7.0	1.5163	64.05	K8	
8	1000.0					16.10
		2.95	1			
9	−970.0					15.84
		6.79	1.5163	64.05	K8	
10	−13.58					19.08
		1.94	1.5480	45.85	LF10	
11	28.32					30.88
		11.64	1.6126	58.34	TK16	
12	−40.74					34.04
		30.07	1			
13	−24.29					47.07
		1.94	1.6126	58.34	TK16	
14	−60.34					70.98

$f' = 69.274$；$S'_{F'} = 34.354$

孔径光阑距第 8 表面 1.47mm，直径 $\phi_D = 12.72$mm

(A. d. at 1.47mm from the 8th surface, $\phi_D = 12.72$mm)

113

"Russar-52ⁿ"物镜
(Objective Lens "Russar-52ⁿ")

$$f' = 70.049 \quad S'_{F'} = 103.858 \quad 2\omega = 120°40' \quad D/f' = 1 : 11$$

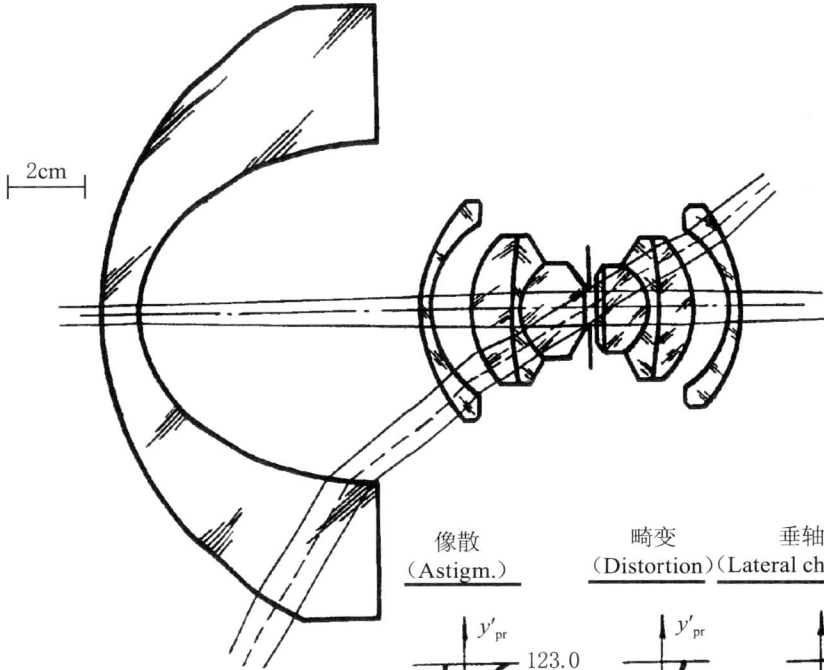

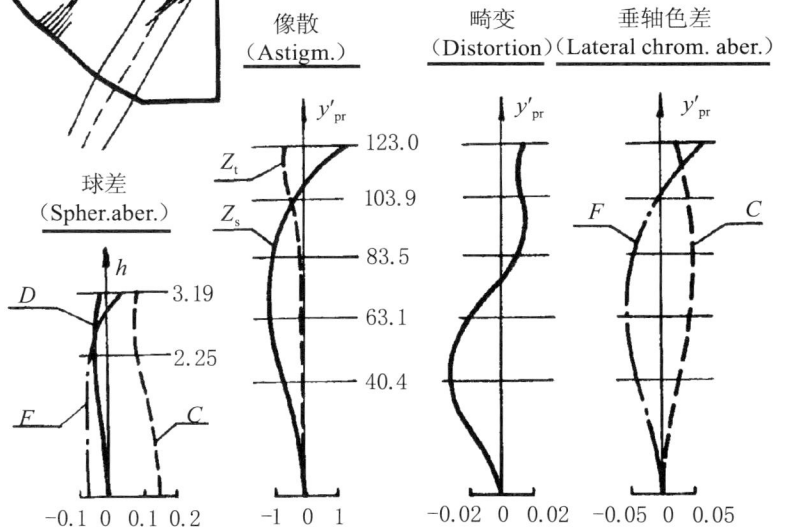

2cm

球差
（Spher.aber.）

像散
（Astigm.）

畸变
（Distortion）

垂轴色差
（Lateral chrom. aber.）

Z_t

Z_s

y'_{pr}

123.0

103.9

83.5

63.1

40.4

h

D

3.19

2.25

F

C

F

C

-0.1 0 0.1 0.2

-1 0 1

-0.02 0 0.02

-0.05 0 0.05

114

"Russar-52^n"镜头结构参数
(Constructive Dates of "Russar-52^n")

表 57

(Table 57)

透镜表面序号 (Surface No.)	r	d	n_D	ν_D	玻璃牌号 (Sort of glass)	ϕ_D
1	110.28					193.86
		12.18	1.6126	58.34	TK16	
2	42.65*					109.70
		84.7	1			
3	59.14					65.66
		3.86	1.6126	58.34	TK16	
4	32.14					53.18
		12.92	1			
5	34.65					45.78
		11.65	1.6128	36.93	F1	
6	119.62					39.90
		3.7	1.6126	58.34	TK16	
7	19.30					29.08
		19.3	1.5163	64.05	K8	
8	∞					13.89
		3.03	1	滤光片		
9	∞			(Light filter)		16.18
		3.0	1.5163		K8	
10	∞					19.70
		13.0	1.5163	64.05	K8	
11	−17.17					27.16
		3.1	1.6128	36.93	F1	
12	−119.62					37.40
		10.57	1.6126	58.34	TK16	
13	−30.81					42.06
		11.1	1			
14	−28.57					47.92
		3.42	1.6126	58.34	TK16	
15	−52.58					59.18

$f' = 70.049$；$S'_{F'} = 103.858$

孔径光阑距第 8 表面 1.0mm，直径 $\phi_D = 11.34$mm

(A. d. at 1.0mm from the 8th surface, $\phi_D = 11.34$mm)

* 非球面表面方程(Aspherical surface is formed by the equation)：

$$y^2 = 85.30z - 0.62825z^2 + 3.10846 \cdot 10^{-4}z^3 - 7.0725 \cdot 10^{-7}z^4 + 1.18854 \cdot 10^{-8}z^5 + 7.93973 \cdot 10^{-11}z^6$$

"Russar-53ⁿ"物镜
(Objective Lens "Russar-53ⁿ")

$f' = 50.105 \quad S'_{F'} = 69.467 \quad 2\omega = 136° \quad D/f' = 1 : 11.5$

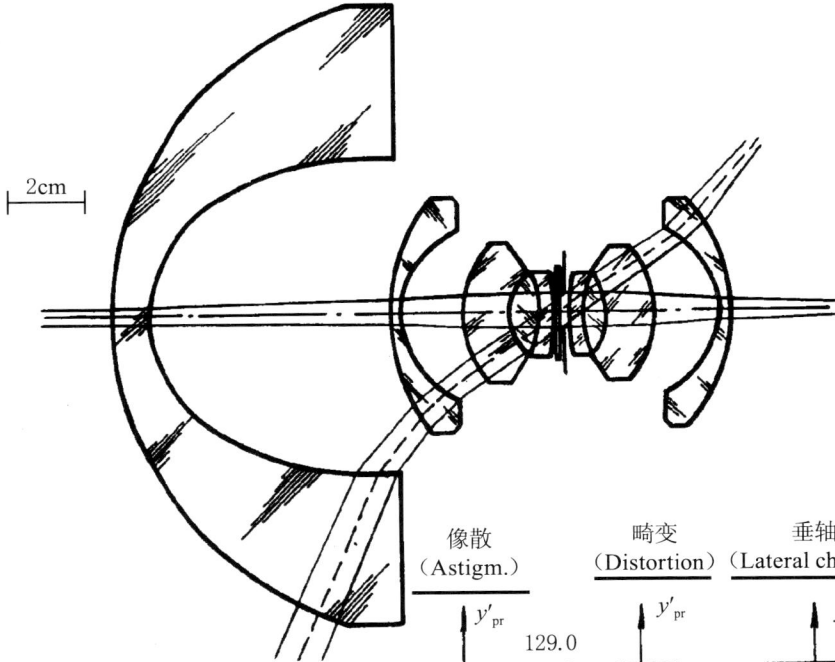

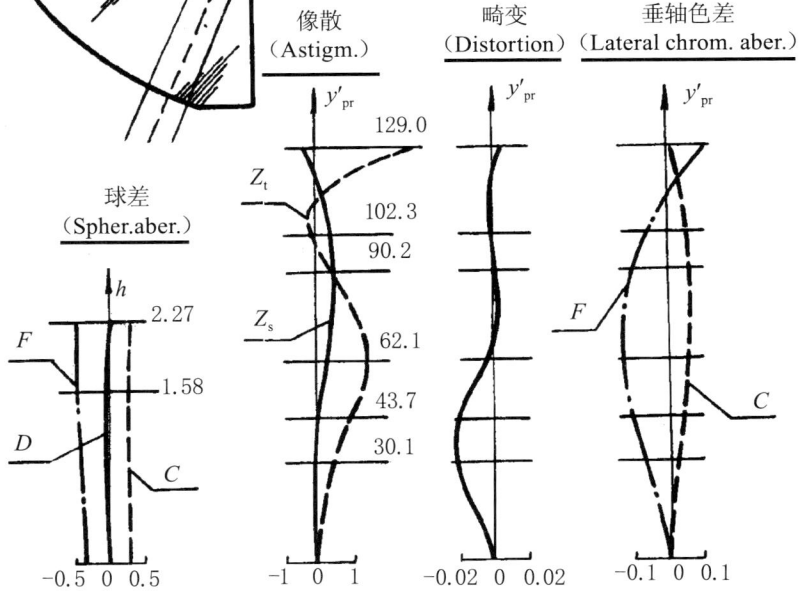

2cm

球差
（Spher.aber.）

像散
（Astigm.）

畸变
（Distortion）

垂轴色差
（Lateral chrom. aber.）

"Russar-53^n"镜头结构参数
(Constructive Dates of "Russar-53^n")

表 58

(Table 58)

透镜表面序号 (Surface No.)	r	d	n_D	ν_D	玻璃牌号 (Sort of glass)	ϕ_D
1	96.52					180.44
2	36.0*	10.0	1.6126	58.34	TK16	93.96
3	56.78	68.983	1			67.20
4	26.81	2.87	1.6126	58.34	TK16	49.70
5	31.74	19.28	1			39.02
6	16.75	13.75	1.6126	58.34	TK16	23.56
7	−30.63	8.29	1.5153	54.47	KF1	21.72
8	−124.45	4.7	1.6126	58.34	TK16	14.86
9	∞	0.0	1			14.26
10	∞	1.5	1.5163	滤光片 (Light filter)	K8	12.40
11	124.45	2.584	1			14.22
12	30.63	4.7	1.6128	36.93	F1	20.78
13	−16.75	8.29	1.5163	64.05	K8	23.08
14	−31.74	13.75	1.6126	58.34	TK16	38.22
15	−27.25	19.28	1			49.42
16	−51.73	2.87	1.7280	28.32	TF7	64.38

$f' = 50.105$；$S'_{F'} = 69.467$

孔径光阑距第 10 表面 1.0mm,直径 $\phi_D = 9.58$mm

(A. d. at 1.0mm from the 10th surface, $\phi_D = 9.58$mm)

* 非球面表面方程(Aspberical surface is formed by the equation)：

$$y^2 = 72z - 0.611z^2 + 3.45 \cdot 10^{-4}z^3 - 2.3406 \cdot 10^{-6}z^4 + 5.66 \cdot 10^{-8}z^5$$

"Russar-54"物镜
(Objective Lens "Russar-54")

$f'=70.003 \quad S'_{F'}=0.004 \quad 2\omega=120° \quad D/f'=1 : 6.8$

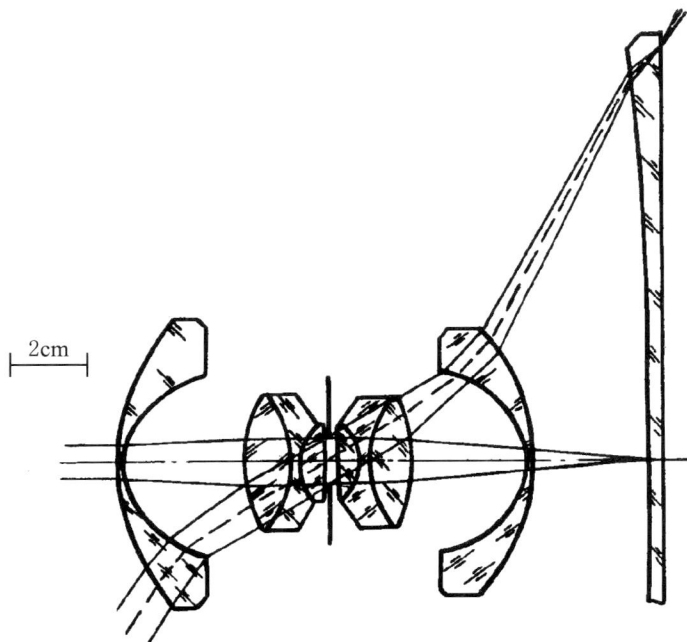

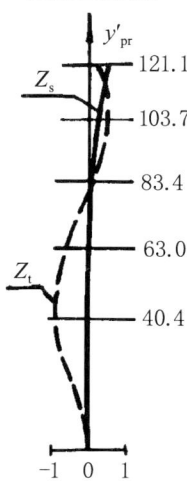

球差 (Spher.aber.)	像散 (Astigm.)	畸变 (Distortion)	垂轴色差 (Lateral chrom. aber.)

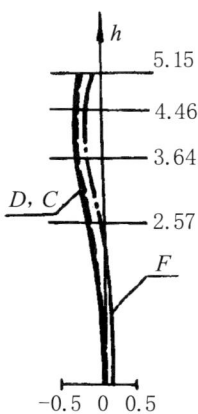

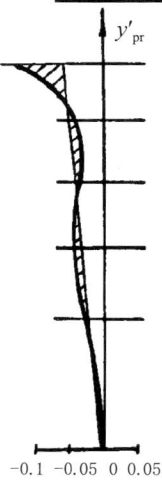

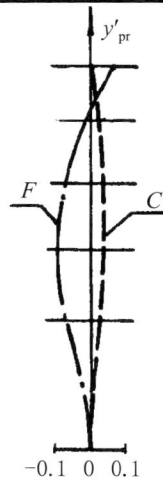

"Russar-54"镜头结构参数
(Constructive Dates of "Russar-54")

表 59

(Table 59)

透镜表面序号 (Surface No.)	r	d	n_D	ν_D	玻璃牌号 (Sort of glass)	ϕ_D
1	64.93					80.50
2	26.87	2.15	1.6128	36.93	F1	53.10
3	45.08	32.59	1			37.88
4	−31.42	12.88	1.6126	58.34	TK16	34.10
5	15.03	2.15	1.5480	53.94	BF4	20.42
6	1073.0	7.51	1.5163	64.05	K8	16.10
7	−1041.0	3.35	1			18.78
8	−13.56	7.16	1.5153	54.47	KF1	21.18
9	30.46	2.08	1.5480	53.94	BF4	36.52
10	−41.81	11.91	1.6130	60.57	TK14	37.76
11	−26.13	32.28	1			51.44
12	−59.32	2.08	1.7550	27.52	TF5	76.14
13	−1171.0	32.58	1			228.00
14	∞	3.9	1.4781	65.58	LK5	244.80

$f'=70.003; \quad S'_{F'}=0.004$

孔径光阑距第 6 表面 1.0mm,直径 $\phi_D=13.68$mm

(A. d. at 1.0mm from the 6th surface, $\phi_D=13.68$mm)

"Russar-55"物镜
(Objective Lens "Russar-55")

$$f'=140.115 \quad S'_{F'}=70.394 \quad 2\omega=85° \quad D/f'=1:5.5$$

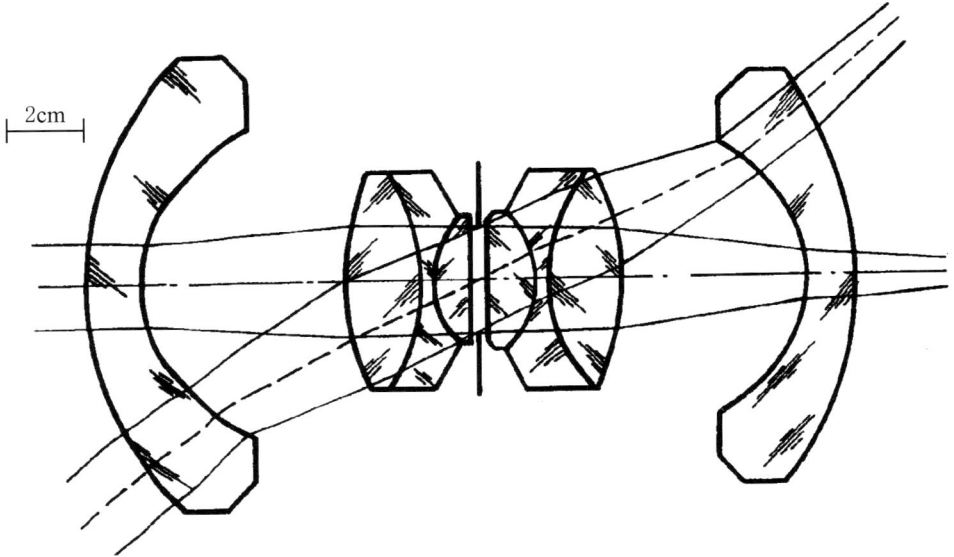

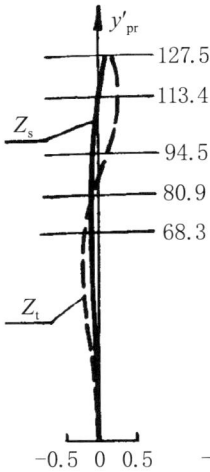

球差 (Spher.aber.)	像散 (Astigm.)	畸变 (Distortion)	垂轴色差 (Lateral chrom. aber.)

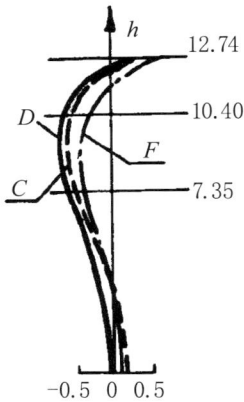

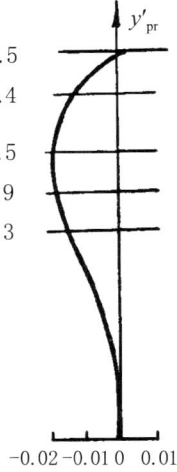

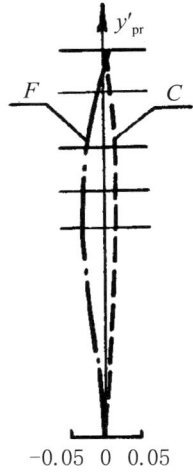

"Russar-55"镜头结构参数
(Constructive Dates of "Russar-55")

表 60

(Table 60)

透镜表面序号 (Surface No.)	r	d	n_D	ν_D	玻璃牌号 (Sort of glass)	ϕ_D
1	100.06					127.54
2	47.61	15.91	1.6130	60.57	TK14	88.08
3	81.48	56.37	1			61.68
4	−56.44	22.55	1.6126	58.34	TK16	53.90
5	27.44	3.75	1.5480	53.94	BF4	37.24
6	855.0	10.27	1.5163	64.05	K8	34.34
7	−660.0	4.34	1			32.62
8	−24.78	15.31	1.5163	64.05	K8	38.10
9	50.56	3.4	1.5480	53.94	BF4	55.90
10	−72.20	20.38	1.6126	58.34	TK16	59.86
11	−44.31	50.89	1			79.70
12	−100.67	15.33	1.6140	40.02	BF21	113.90

$f' = 140.115$；$S'_{F'} = 70.394$

孔径光阑距第 6 表面 2.6mm,直径 $\phi_D = 30.5$mm

(A. d. at 2.6mm from the 6th surface, $\phi_D = 30.5$mm)

"Russar-56^{RF}"物镜
(Objective Lens "Russar-56^{RF}")

$$f'=69.952 \quad S'_{F'}=23.045 \quad 2\omega=85°14' \quad D/f'=1 : 4.5$$

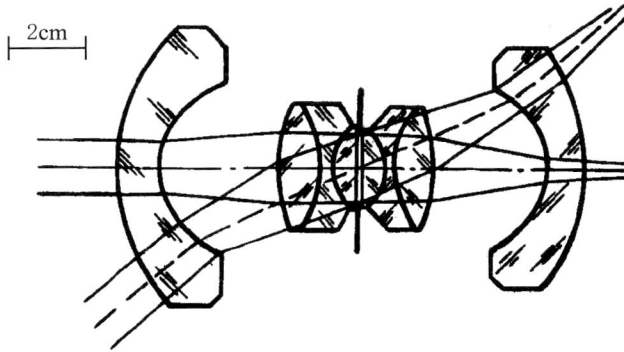

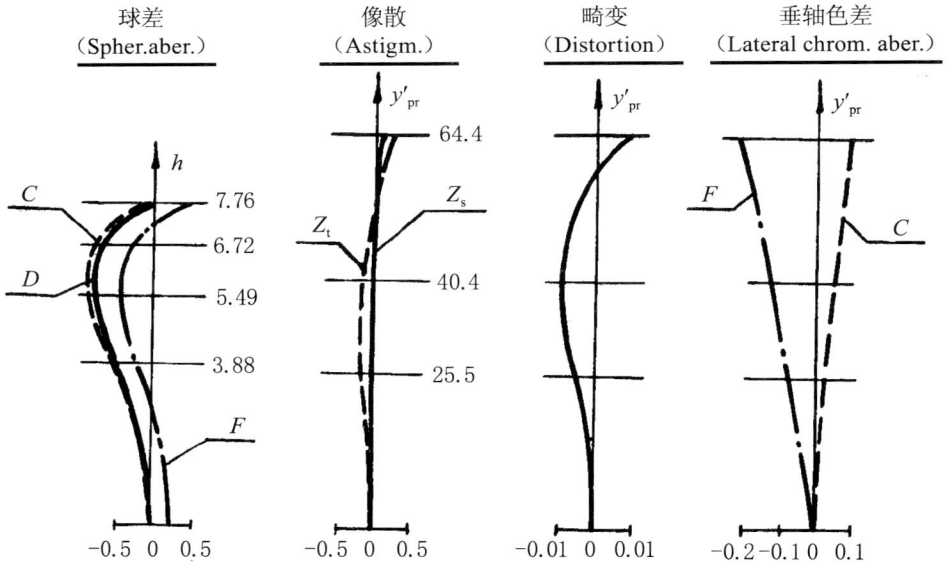

球差 (Spher.aber.)	像散 (Astigm.)	畸变 (Distortion)	垂轴色差 (Lateral chrom. aber.)

放大洗印镜头应工作在反向光路之下,其放大率为(Reproductive photo-transformer lens is operated in the backward ray trace,amplification. range of these lenses is)

$$V=-8\times \sim -22\times$$

图示光学系统及像差曲线针对无限远正向传播光路。(Optical scheme and aberation curves are given for the forward ray trace from the infinity.)

"Russar-56^{RF}"镜头结构参数
(Constructive Dates of "Russar-56^{RF}")

表 61

(Table 61)

透镜表面序号 (Surface No.)	r	d	n_D	ν_D	玻璃牌号 (Sort of glass)	ϕ_D
1	59.25					75.50
		11.37	1.6140	40.02	BF21	
2	25.99					48.96
		32.9	1			
3	43.68					35.46
		12.07	1.6126	58.34	TK16	
4	−29.26					32.98
		2.01	1.5480	53.94	BF4	
5	14.69					21.98
		7.66	1.5163	64.05	K8	
6	541.5					19.46
		0.66	1			
7	−506.3					19.38
		7.16	1.5163	64.05	K8	
8	−13.74					21.18
		1.88	1.5480	53.94	BF4	
9	27.36					30.68
		11.29	1.6126	58.34	TK16	
10	−40.84					32.86
		30.76	1			
11	−24.30					44.34
		10.63	1.6140	40.02	BF21	
12	−55.40					66.04

$f' = 69.952$；$S'_{F'} = 23.045$

孔径光阑距第 6 表面 0.34mm，直径 $\phi_D = 19.08$mm

(A. d. at 0.34mm from the 6th surface, $\phi_D = 19.08$mm)

"Russar-57"物镜
(Objective Lens "Russar-57")

$$f' = 101.491 \quad S'_{F'} = 0.006 \quad 2\omega = 103°36' \quad D/f' = 1 : 6.8$$

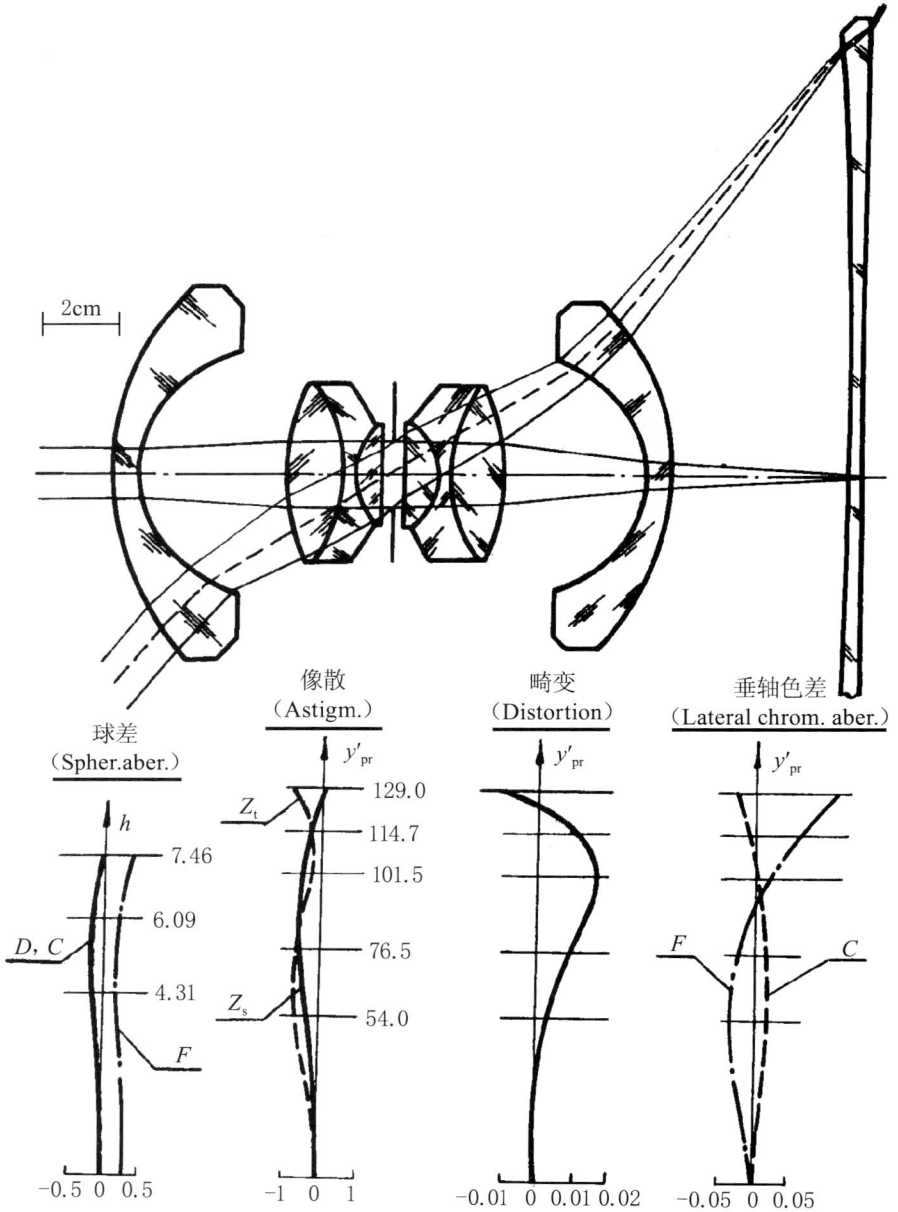

2cm

| 球差
(Spher.aber.) | 像散
(Astigm.) | 畸变
(Distortion) | 垂轴色差
(Lateral chrom. aber.) |

球差
(Spher.aber.)

h

7.46

6.09

D, C

4.31

F

-0.5 0 0.5

像散
(Astigm.)

y'_{pr}

Z_t

129.0

114.7

101.5

76.5

Z_s

54.0

-1 0 1

畸变
(Distortion)

y'_{pr}

-0.01 0 0.01 0.02

垂轴色差
(Lateral chrom. aber.)

y'_{pr}

F C

-0.05 0 0.05

124

"Russar-57"镜头结构参数
(Constructive Dates of "Russar-57")

表 62
(Table 62)

透镜表面序号 (Surface No.)	r	d	n_D	ν_D	玻璃牌号 (Sort of glass)	ϕ_D
1	77.89					102.08
		8.43	1.6128	36.93	F1	
2	35.27					68.12
		39.71	1			
3	60.38					48.78
		17.25	1.6126	58.34	TK16	
4	−42.41					42.56
		2.88	1.5480	53.94	BF4	
5	20.13					26.88
		7.25	1.5153	54.47	KF1	
6	1437.5					24.46
		5.6	1			
7	−1386.0					23.54
		10.28	1.5163	64.05	K8	
8	−18.99					27.94
		2.76	1.5480	53.94	BF4	
9	40.61					44.40
		15.86	1.6130	60.57	TK14	
10	−55.66					47.84
		39.07	1			
11	−34.21					65.34
		8.38	1.7550	27.52	TF5	
12	−70.69					95.28
		47.73	1			
13	−2096.0					247.60
		4.17	1.4781	65.58	LK5	
14	∞					259.00

$$f'=101.491; \quad S'_{F'}=-0.006$$

孔径光阑距第 6 表面 2.85mm,直径 $\phi_D=18.32$mm

(A. d. at 2.85mm from the 6th surface, $\phi_D=18.32$mm)

"Russar-58ⁿ"物镜
(Objective Lens "Russar-58ⁿ")

$f' = 49.084 \quad S'_{F'} = 57.869 \quad 2\omega = 137°20' \quad D/f' = 1 : 9$

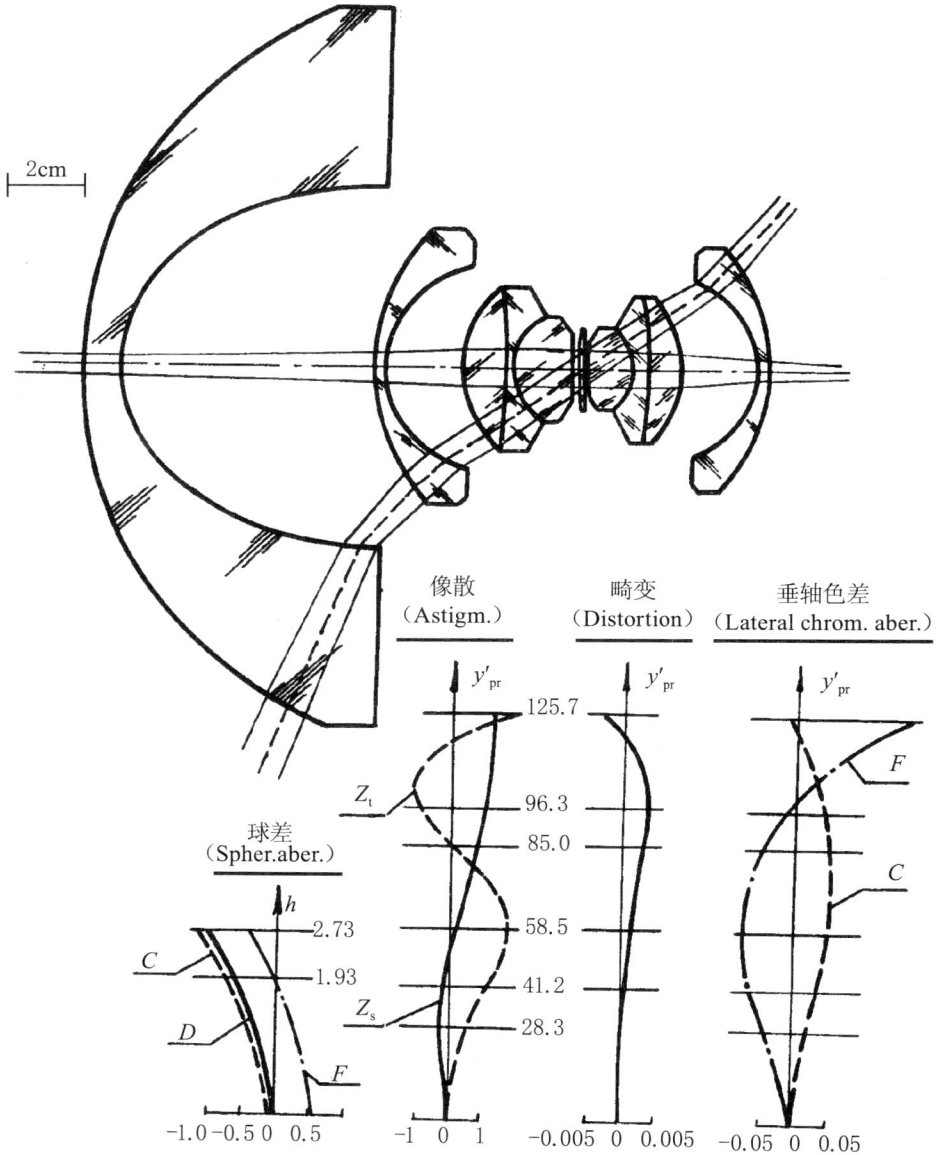

2cm

像散
(Astigm.)

畸变
(Distortion)

垂轴色差
(Lateral chrom. aber.)

y'_{pr} — 125.7

Z_t — 96.3
— 85.0

球差
(Spher.aber.)

h
C — 2.73
— 1.93
D
F

y'_{pr}

F

y'_{pr}

C

— 58.5
Z_s — 41.2
— 28.3

-1.0 -0.5 0 0.5

-1 0 1

-0.005 0 0.005

-0.05 0 0.05

"Russar-58ⁿ"镜头结构参数
(Constructive Dates of "Russar-58ⁿ")

表 63

(Table 63)

透镜表面序号 (Surface No.)	r	d	n_D	ν_D	玻璃牌号 (Sort of glass)	ϕ_D
1	117.45					211.70
2	41.32*	11.1	1.6126	58.34	TK16	109.90
3	60.49	74.14	1			80.04
4	31.6	3.51	1.7172	29.50	TF3	59.68
5	33.06	22.63	1			47.92
6	−500.0	11.98	1.6128	36.93	F1	46.34
7	17.9	3.0	1.6126	58.34	TK16	30.22
8	−250.0	17.65	1.5163	64.05	K8	18.40
9	∞	2.13	1			11.08
10	∞	1.85	1.5163	滤光片 (Light filter)	K8	13.46
11	530.0	0.1	1			13.88
12	−15.0	13.21	1.5163	64.05	K8	23.42
13	−150.0	3.5	1.6128	36.93	F1	34.20
14	−31.6	11.2	1.6126	58.34	TK16	40.58
15	−28.6	21.68	1			53.12
16	−55.89	3.37	1.7172	29.50	TF3	71.30

$f' = 49.084$; $S'_{F'} = 57.869$

孔径光阑距第 8 表面 2.13mm,直径 $\phi_D = 11.08$mm

(A. d. at 2.13mm from the 8th surface, $\phi_D = 11.08$mm)

＊非球面表面方程(Aspherical surface is formed by the equation):

$$y^2 = 82.64z - 0.586385z^2 + 1.21672 \cdot 10^{-4} z^3 - 1.34212 \cdot 10^{-6} z^4 +$$

$$6.25143 \cdot 10^{-8} z^5 - 2.19254 \cdot 10^{-10} z^6$$

127

"Russar-59"物镜
(Objective Lens "Russar-59")

$$f' = 71.701 \quad S'_{F'} = 33.192 \quad 2\omega = 121°40' \quad D/f' = 1 : 6.8$$

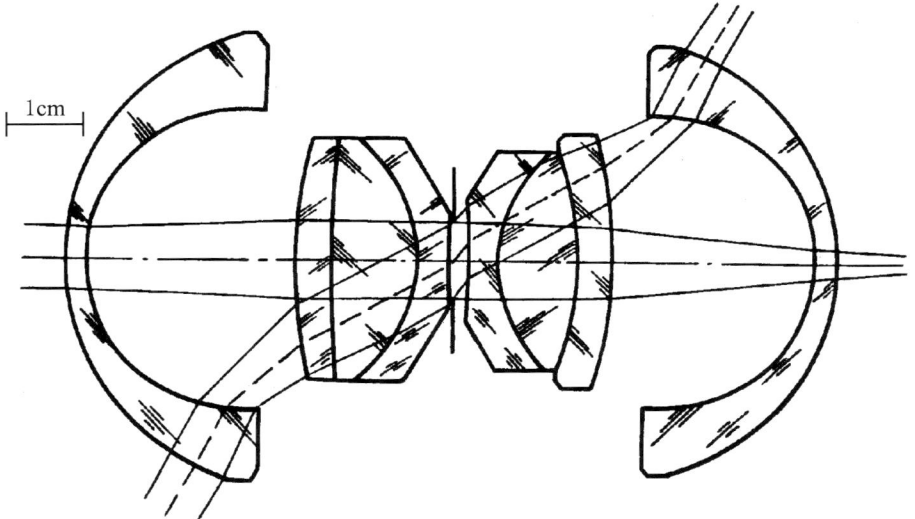

球差 （Spher.aber.）	像散 （Astigm.）	畸变 （Distortion）	垂轴色差 （Lateral chrom. aber.）

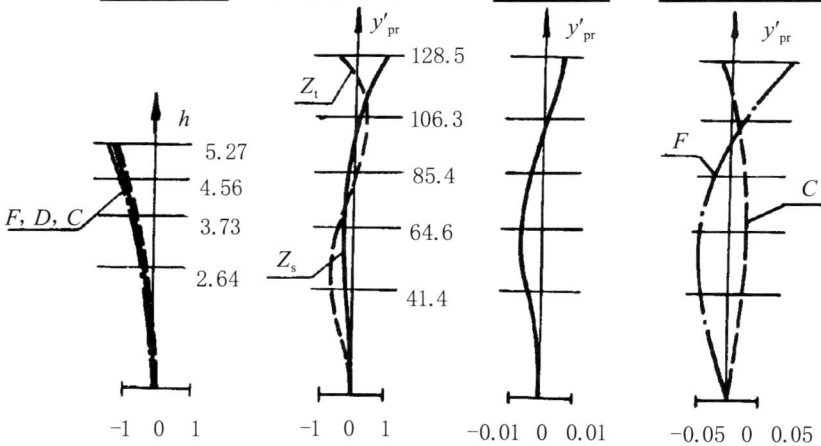

"Russar-59"镜头结构参数
(Constructive Dates of "Russar-59")

表 64

(Table 64)

透镜表面序号 (Surface No.)	r	d	n_D	ν_D	玻璃牌号 (Sort of glass)	ϕ_D
1	39.0					73.28
		3.67	1.6869	53.58	STK7	
2	25.0					49.74
		33.55	1			
3	88.13					38.50
		5.87	1.6893	31.12	TF8	
4	256.9					34.40
		13.36	1.6869	53.58	STK7	
5	-25.25					25.50
		5.44	1.5749	41.30	LF5	
6	734.0					14.32
		2.57	1			
7	-707.0					18.24
		5.28	1.5749	41.30	LF5	
8	24.31					31.46
		12.66	1.6869	53.58	STK7	
9	-55.79					34.74
		5.87	1.6893	31.12	TF8	
10	-84.84					39.74
		32.3	1			
11	-24.1					47.90
		3.54	1.6869	53.58	STK7	
12	-36.9					69.68

$f'=71.701$；$S'_{F'}=33.192$

孔径光阑距第 6 表面 0.5mm，直径 $\phi_D=12.94$mm

(A. d. at 0.5mm from the 6th surface, $\phi_D=12.94$mm)

"Russar-60-I"物镜
(Objective Lens "Russar-60-I")

$$f'=71.031 \quad S'_{F'}=0.006 \quad 2\omega=120° \quad D/f'=1:6.8$$

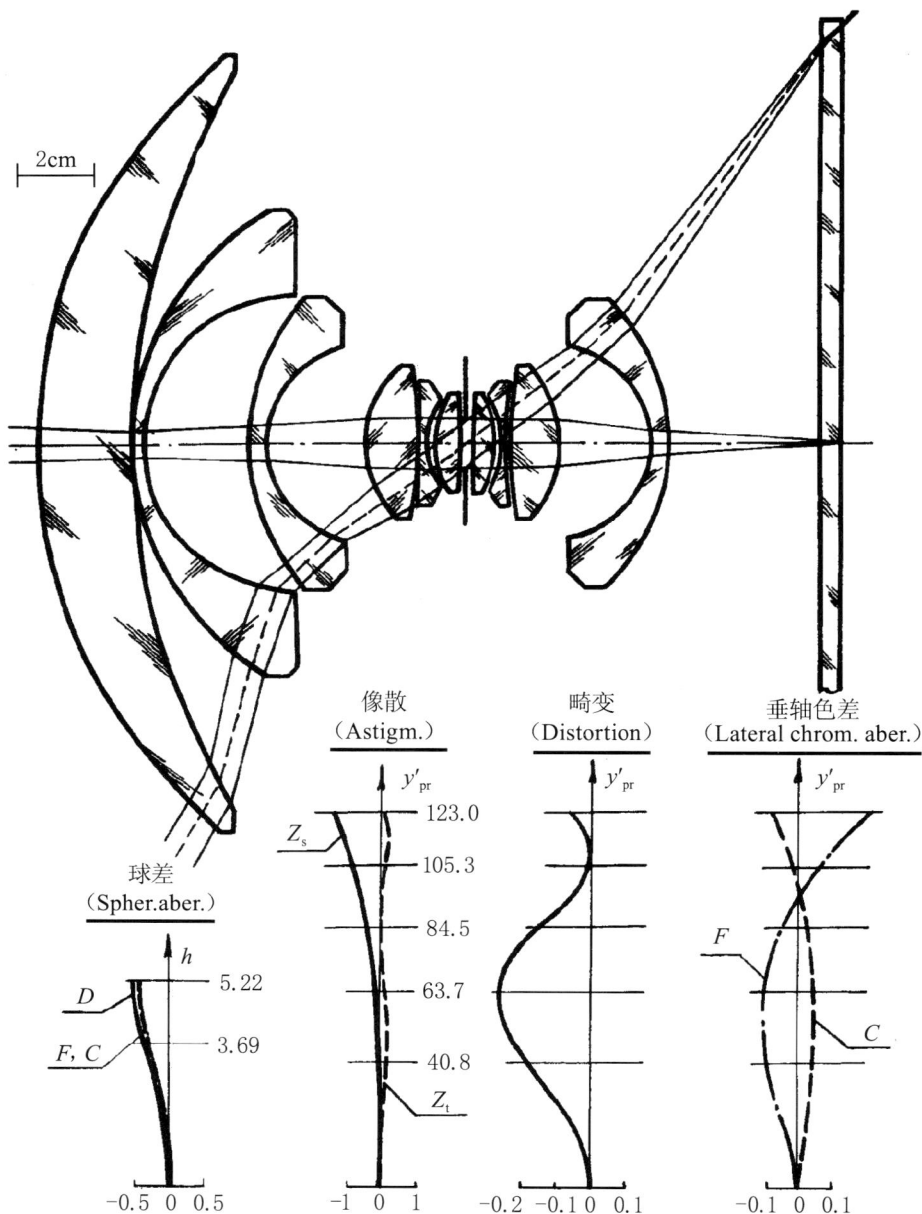

2cm

球差
(Spher.aber.)

像散
(Astigm.)

畸变
(Distortion)

垂轴色差
(Lateral chrom. aber.)

"Russ?" 参数
(Construc? ...ar-60-I")

表 65

(Table 65)

透镜表面序号 (Surface No.)	r	d	nD	νD	玻璃牌号 (Sort of glass)	φD
1	153?					228.4
2	21?			51.11	TK21	215.2
3						137.92
4		?8		51.11	TK21	87.94
5	66.8?					85.00
6	30.3		6130	60.57	TK14	58.30
7	31.03	28.2	1			43.24
8	−180.0	16.15	1.5467	62.76	BK2	34.76
9	−298.0	0.0	1			32.72
10	23.51	2.17	1.5538	48.58	OF2	24.40
11	29.94	1.63	1			23.48
12	−600.0	6.82	1.5163	64.05	K8	18.06
13	536.6	3.41	1			18.06
14	−30.85	7.14	1.5163	64.05	K8	23.76
15	−23.83	1.67	1			24.64
16	323.8	2.23	1.5480	45.85	LF10	32.90
17	191.58	0.0	1			34.52
18	−32.26	15.56	1.5467	62.76	BK8	42.94
19	−28.76	26.16	1			55.88
20	−62.03	4.83	1.6123	44.08	OF3	81.62
21	∞	44.19	1			240.0
22	∞	5.47	1.5163	64.05	K8	247.2

$f' = 71.031;\quad S'_{F'} = -0.006$

孔径光阑距第 12 表面 1.67mm，直径 $\phi_D = 14.38$mm

(A. d. at 1.67mm from the 12th surface, $\phi_D = 14.38$mm)

"Russar-60-Ⅱ"物镜
(Objective Lens "Russar-60-Ⅱ")

$$f'=70.229 \quad S'_{F'}=0.000 \quad 2\omega=120° \quad D/f'=1\,\vdots\,6.8$$

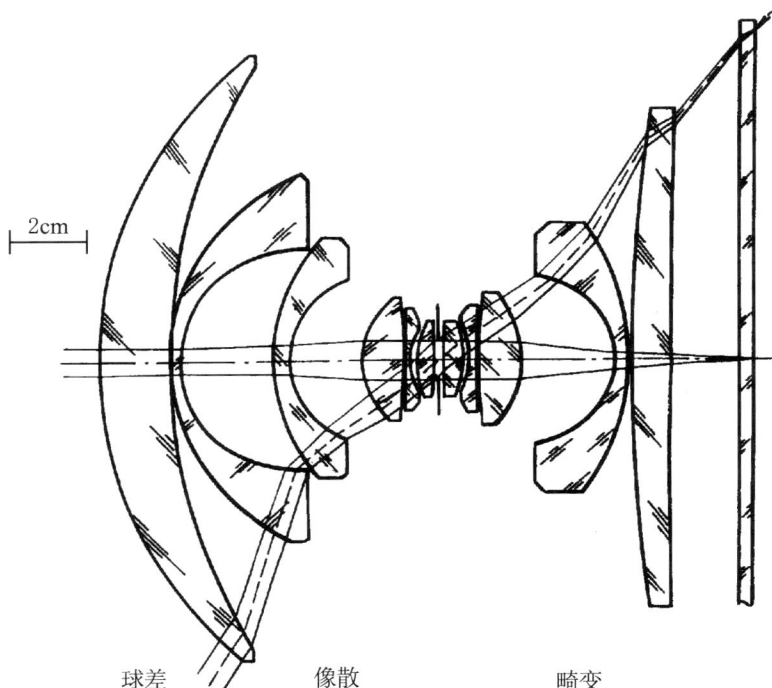

2cm

球差	像散	畸变	垂轴色差
(Spher.aber.)	(Astigm.)	(Distortion)	(Lateral chrom. aber.)

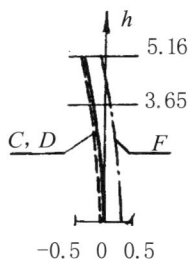
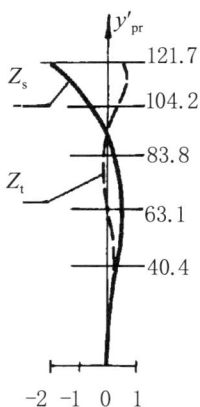

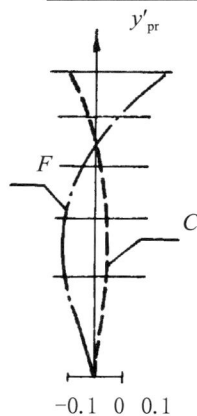

"Russar-60-Ⅱ"镜头结构参数
(Constructive Dates of "Russar-60 Ⅱ")

表 66

(Table 66)

透镜表面序号 (Surface No.)	r	d	n_D	ν_D	玻璃牌号 (Sort of glass)	ϕ_D
1	145.76					222.92
		25.46	1.6568	51.11	TK21	
2	209.32					213.96
		0.0	1			
3	75.74					133.26
		3.05	1.6568	51.11	TK21	
4	40.96					81.28
		33.14	1			
5	67.38					80.46
		5.81	1.6130	60.57	TK14	
6	31.34					57.90
		26.31	1			
7	29.66					41.98
		15.24	1.6130	60.57	TK14	
8	−296.5					33.86
		0.0	1			
9	−642.8					31.88
		2.09	1.6123	44.08	OF3	
10	23.36					23.94
		1.57	1			
11	32.01					23.22
		6.48	1.5110	64.27	K5	
12	−303.8					17.92
		3.5	1			
13	230.0					18.50
		7.78	1.5163	64.05	K8	
14	−34.75					24.92
		1.83	1			
15	−25.44					25.84
		2.43	1.6123	44.08	OF3	
16	445.2					34.44
		0.0	1			
17	242.0					36.60
		15.75	1.6130	60.57	TK14	
18	−34.79					45.20
		32.8	1			
19	−31.56					61.88
		4.51	1.6123	44.08	OF3	
20	−89.41					97.90
		0.0	1			
21	653.3					169.40
		13.8	1.5263	60.14	K20	
22	4396.0					180.04
		24.5	1			
23	∞					239.2
		4.49	1.5163	64.05	K8	
24	∞					244.8

$f'=70.229$；　$S'_{F'}=0.000$

孔径光阑距第 12 表面 1.62mm，直径 $\phi_D=13.78$mm

(A. d. at 1.62mm from the 12th surface, $\phi_D=13.78$mm)

"Russar-61"物镜
(Objective Lens "Russar-61")

$$f'=140.128 \quad S'_{F'}=0.007 \quad 2\omega=85° \quad D/f'=1 \ : \ 5$$

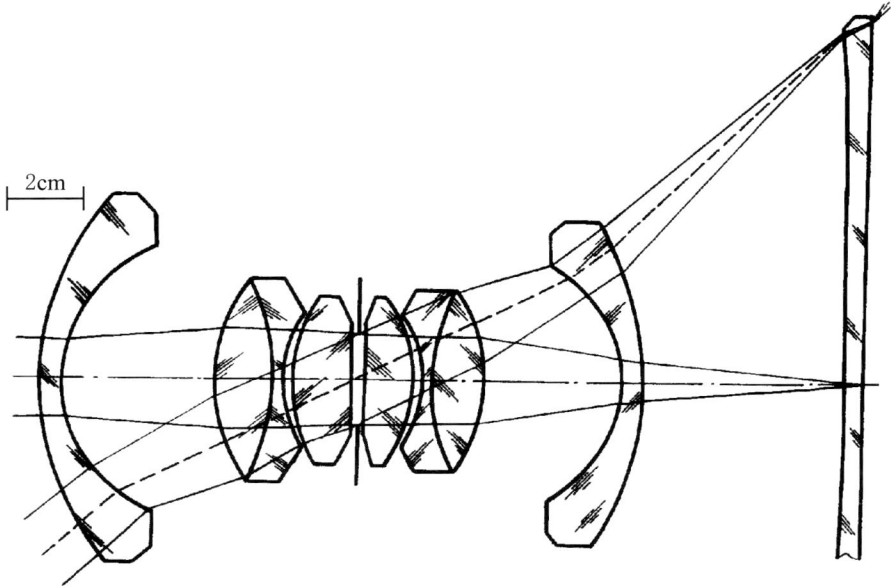

2cm

球差 (Spher.aber.)	像散 (Astigm.)	畸变 (Distortion)	垂轴色差 (Lateral chrom. aber.)

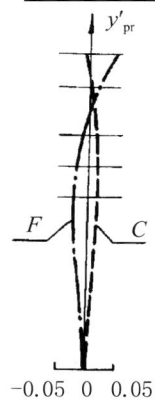

球差
(Spher.aber.)

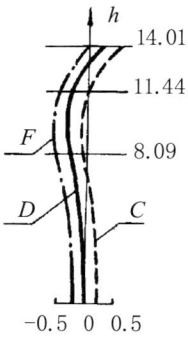

像散
(Astigm.)

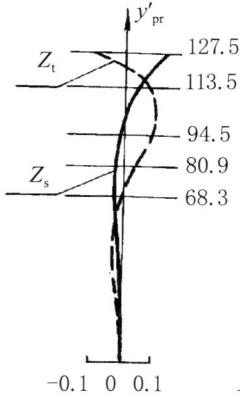

畸变
(Distortion)

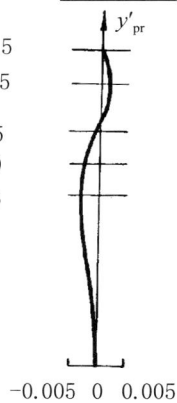

垂轴色差
(Lateral chrom. aber.)

h

14.01

11.44

8.09

F

D C

-0.5 0 0.5

y'_{pr}

Z_t

127.5

113.5

94.5

Z_s 80.9

68.3

-0.1 0 0.1

y'_{pr}

-0.005 0 0.005

y'_{pr}

F C

-0.05 0 0.05

"Russar-61"镜头结构参数
(Constructive Dates of "Russar-61")

表 67

(Table 67)

透镜表面序号 (Surface No.)	r	d	n_D	ν_D	玻璃牌号 (Sort of glass)	ϕ_D
1	100.91					126.68
2	50.63	7.87	1.6130	60.57	TK14	94.80
3	61.70	54.08	1			71.84
4	−82.21	19.94	1.6126	58.34	TK16	71.66
5	44.50	3.5	1.5480	53.94	BF4	50.32
6	56.93	2.62	1			49.80
7	2011.6	20.32	1.4704	66.81	LK6	35.72
8	−1984.9	3.92	1			34.74
9	−49.10	18.08	1.4704	66.81	LK6	45.72
10	−39.16	2.28	1			46.06
11	73.24	3.06	1.5480	45.85	LF10	64.30
12	−54.58	18.1	1.6126	58.34	TK16	64.44
13	−46.89	46.92	1			83.16
14	−113.97	6.87	1.6140	55.11	TK8	109.36
15	−2868.0	68.68	1			245.4
16	∞	7.0	1.5163	64.05	K8	255.8

$f' = 140.128$；　$S'_{F'} = 0.007$

孔径光阑距第 7 表面 2.17mm,直径 $\phi_D = 32.3$mm

(A. d. at 2.17mm from the 7th surface, $\phi_D = 32.3$mm)

135

"Russar-62ⁿ"物镜
(Objective Lens "Russar-62^n")

$f' = 50.027$ $S'_{F'} = 0.006$ $2\omega = 134°40'$ $D/f' = 1 : 9$

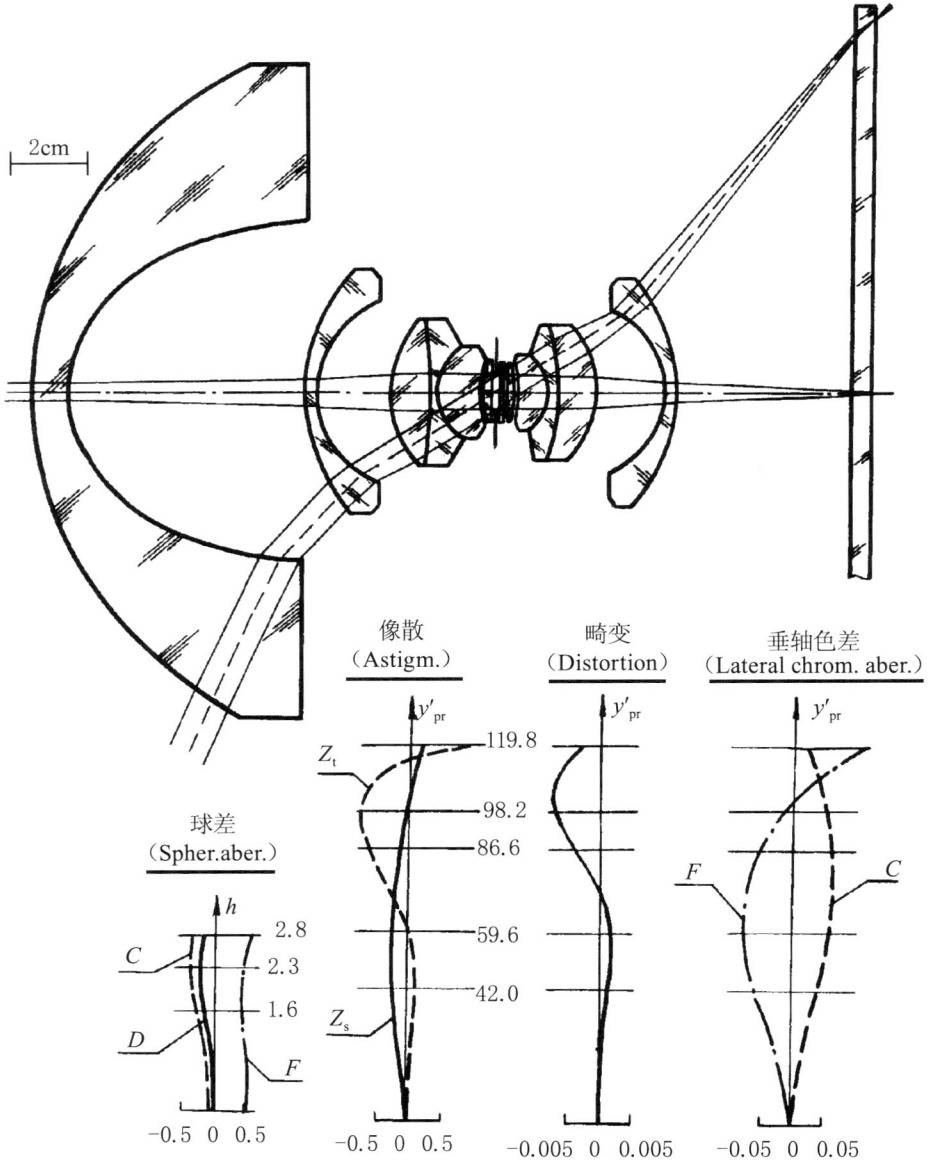

球差
（Spher.aber.）

像散
（Astigm.）

畸变
（Distortion）

垂轴色差
（Lateral chrom. aber.）

"Russar-62^n"镜头结构参数
(Constructive Dates of "Russar-62^n")

表 68
(Table 68)

透镜表面序号 (Surface No.)	r	d	n_D	ν_D	玻璃牌号 (Sort of glass)	ϕ_D
1	117.47					207.32
2	41.32*	11.1	1.6126	58.34	TK16	110.12
3	60.49	74.4	1			76.50
4	31.61	3.51	1.7172	29.50	TF3	58.20
5	35.07	22.83	1			45.92
6	−150.0	12.48	1.6128	36.93	F1	42.90
7	17.3	2.5	1.6126	58.34	TK16	28.42
8	30.0	14.65	1.5163	64.05	K8	18.16
9	26.77	0.05	1			17.88
10	−400.0	3.0	1.5163	64.05	K8	16.20
11	∞	2.2	1			13.08
12	∞	1.84	1.5163	滤光片 (Light filter)	K8	15.24
13	378.5	0.1	1			15.66
14	−28.45	3.0	1.5163	64.05	K8	17.44
15	−29.9	0.05	1			17.58
16	−13.65	10.88	1.5163	64.05	K8	23.66
17	−64.01	3.52	1.6128	36.93	F1	33.58
18	−33.0	10.96	1.6126	58.34	TK16	41.02
19	−28.76	21.73	1			52.84
20	−57.63	3.36	1.7172	29.50	TF3	70.34
21	∞	55.48	1			233.0
22	∞	6.0	1.5163	64.05	K8	240.0

$f' = 50.027; \quad S'_{F'} = 0.006$

孔径光阑距第 10 表面 1.6mm,直径 $\phi_D = 11.64$mm

(A. d. at 1.6mm from the 10th surface, $\phi_D = 11.64$mm)

* 非球面表面方程(Aspherical surface is formed by the equation):

$$y^2 = 82.64z - 0.579833z^2 - 1.671346 \cdot 10^{-4}z^3 + 7.72857 \cdot 10^{-6}z^4 - 7.59705 \cdot 10^{-8}z^5 +$$
$$7.24558 \cdot 10^{-10}z^6 - 1.158587 \cdot 10^{-12}z^7 - 8.94326 \cdot 10^{-15}z^8$$

"Russar-63"物镜
(Objective Lens "Russar-63")

$$f'=100.530 \quad S'_{F'}=0.002 \quad 2\omega=103°36' \quad D/f'=1 \vdots 6.8$$

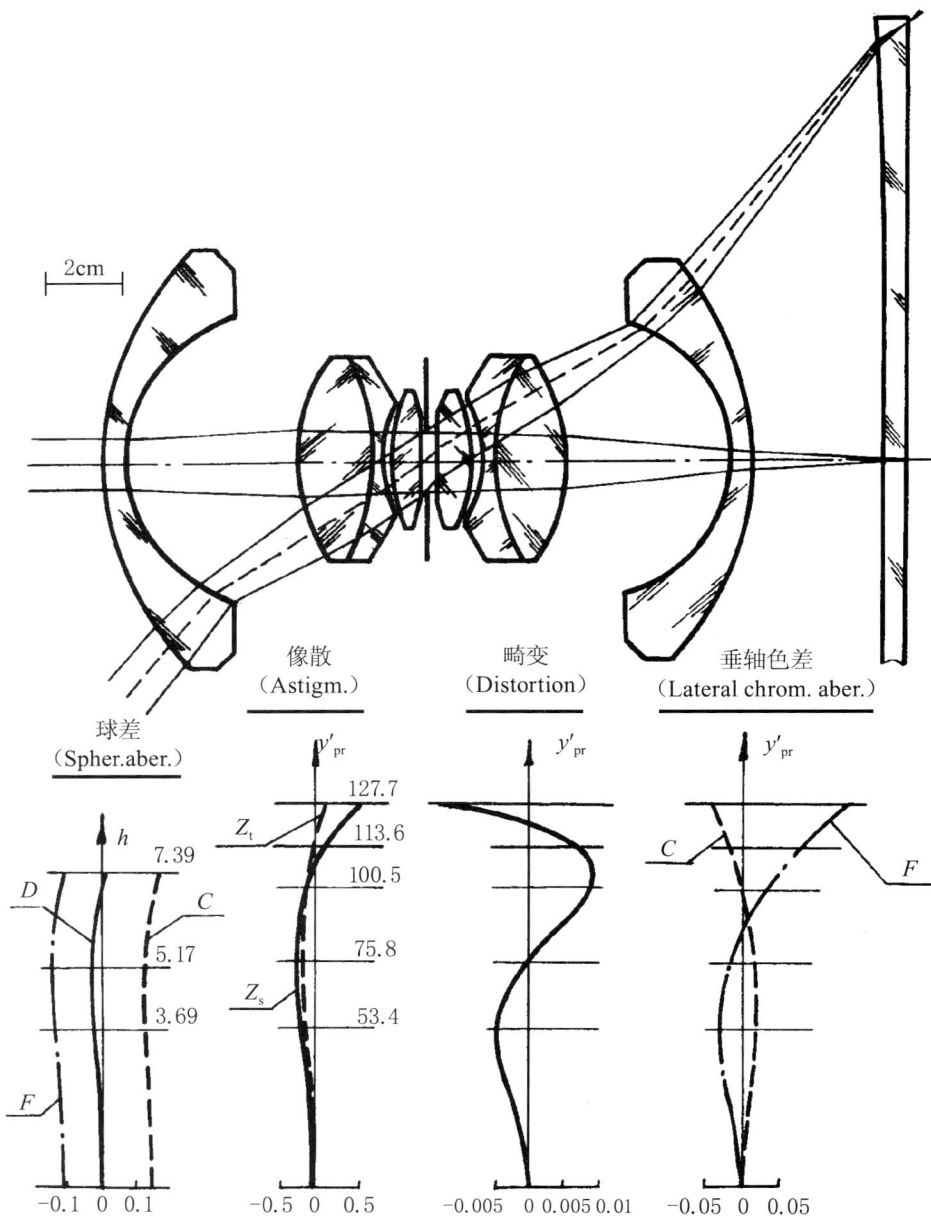

2cm

球差
(Spher.aber.)

像散
(Astigm.)

畸变
(Distortion)

垂轴色差
(Lateral chrom. aber.)

h

D 7.39

C

5.17

3.69

F

-0.1 0 0.1

y'_{pr}

Z_t 127.7

113.6

100.5

75.8

Z_s 53.4

-0.5 0 0.5

y'_{pr}

-0.005 0 0.005 0.01

y'_{pr}

C

F

-0.05 0 0.05

"Russar-63"镜头结构参数
(Constructive Dates of "Russar-63")

表 69

(Table 69)

透镜表面序号 (Surface No.)	r	d	n_D	ν_D	玻璃牌号 (Sort of glass)	ϕ_D
1	90.1					117.46
		6.54	1.6130	60.57	TK14	
2	43.59					83.36
		48.44	1			
3	51.02					54.82
		21.86	1.6130	60.57	TK14	
4	−69.11					42.46
		2.91	1.5480	53.94	BF4	
5	36.95					30.10
		2.18	1			
6	50.18					28.46
		9.32	1.5163	64.05	K8	
7	1671.8					19.80
		4.5	1			
8	−1595.0					24.04
		10.57	1.5163	64.05	K8	
9	−46.42					32.50
		2.07	1			
10	−35.3					33.52
		2.76	1.5480	45.85	LF10	
11	57.54					48.76
		20.75	1.6130	60.57	TK14	
12	−51.19					56.18
		46.11	1			
13	−41.13					79.16
		6.22	1.6123	44.08	OF3	
14	−90.0					112.98
		36.51	1			
15	−2329.0					243.80
		6.12	1.5163	64.05	K8	
16	∞					256.00

$f'=100.530$； $S'_{F'}=-0.002$

孔径光阑距第 7 表面 1.17mm,直径 $\phi_D=17.06$mm

(A. d. at 1.17mm from the 7th surface，$\phi_D=17.06$mm)

139

"Russar-64ⁿ"物镜
(Objective Lens "Russar-64ⁿ")

$f' = 70.405 \quad S'_{F'} = 0.008 \quad 2\omega = 120° \quad D/f' = 1 : 8$

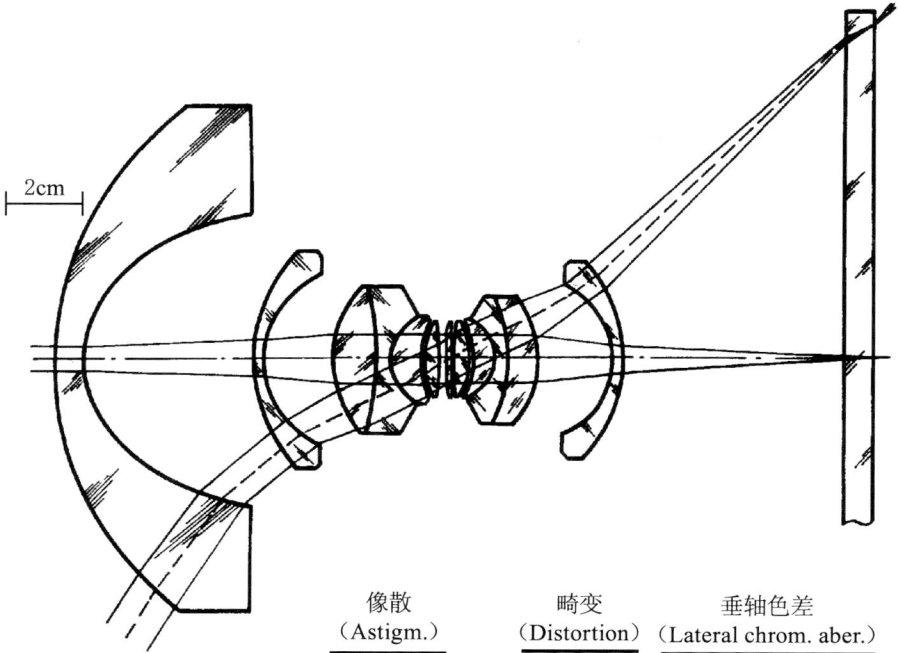

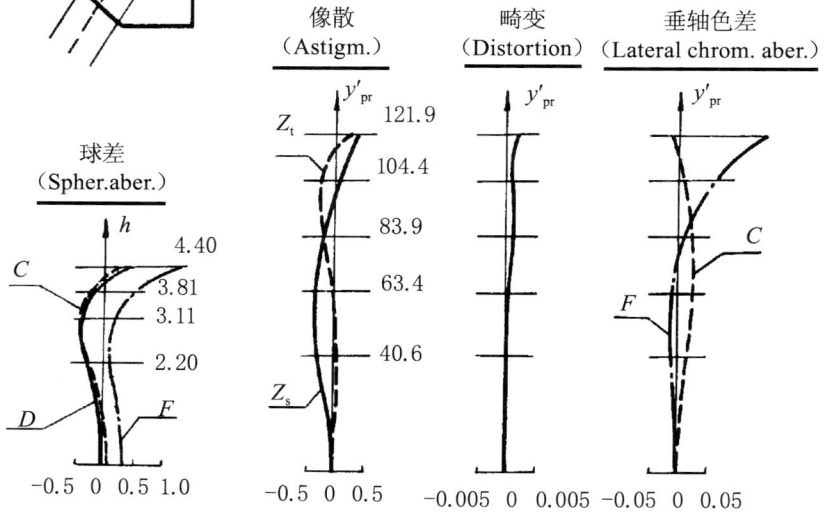

球差
（Spher.aber.）

像散
（Astigm.）

畸变
（Distortion）

垂轴色差
（Lateral chrom. aber.）

"Russar-64ⁿ"镜头结构参数
(Constructive Dates of "Russar-64ⁿ")

表 70

(Table 70)

透镜表面序号 (Surface No.)	r	d	n_D	ν_D	玻璃牌号 (Sort of glass)	ϕ_D
1	117.47					180.50
		11.1	1.6126	58.34	TK16	
2	41.32*					106.30
		59.81	1			
3	60.32					76.78
		3.65	1.7172	29.50	TF3	
4	34.35					61.68
		24.0	1			
5	40.75					51.82
		15.0	1.6128	36.93	F1	
6	−101.02					49.06
		5.0	1.6130	60.57	TK14	
7	17.95					31.38
		10.36	1.5163	64.05	K8	
8	31.2					27.44
		0.75	1			
9	27.4					26.54
		5.6	1.4704	66.81	LK6	
10	−140.53					25.00
		3.5	1			
11	∞					17.32
		2.0	1.5163	滤光片	K8	
12	∞			(Light filter)		19.18
		0.1	1			
13	575.0					19.48
		5.79	1.4704	66.81	LK6	
14	−29.2					22.70
		0.38	1			
15	−30.87					23.12
		7.53	1.5163	64.05	K8	
16	−16.03					26.02
		5.0	1.6128	36.93	F1	
17	−51.49					34.74
		10.25	1.6130	60.57	TK14	
18	−37.13					41.66
		26.15	1			
19	−30.56					54.56
		3.65	1.7172	29.50	TF3	
20	−55.72					69.08
		77.8	1			
21	∞					234.0
		10.0	1.5163	64.05	K8	
22	∞					245.2

$f' = 70.405$；$S'_{F'} = 0.008$

孔径光阑与第 11 表面重合，直径 $\phi_D = 17.32$mm

(A. d. coincides with the 11th surface，$\phi_D = 17.32$mm)

* 非球面表面方程(Aspherical surface is formed by the equation)：

$$y^2 = 82.64z - 0.584203z^2 + 2.46141 \cdot 10^{-5}z^3 - 1.98161 \cdot 10^{-6}z^4 + 2.03094 \cdot 10^{-7}z^5$$
$$- 3.66187 \cdot 10^{-9}z^6 + 3.33816 \cdot 10^{-11}z^7 - 1.18156 \cdot 10^{-13}z^8$$

"Russar-65"物镜
(Objective Lens "Russar-65")

$$f'=100.796 \quad S'_{F'}=0.010 \quad 2\omega=103°36' \quad D/f'=1:5.5$$

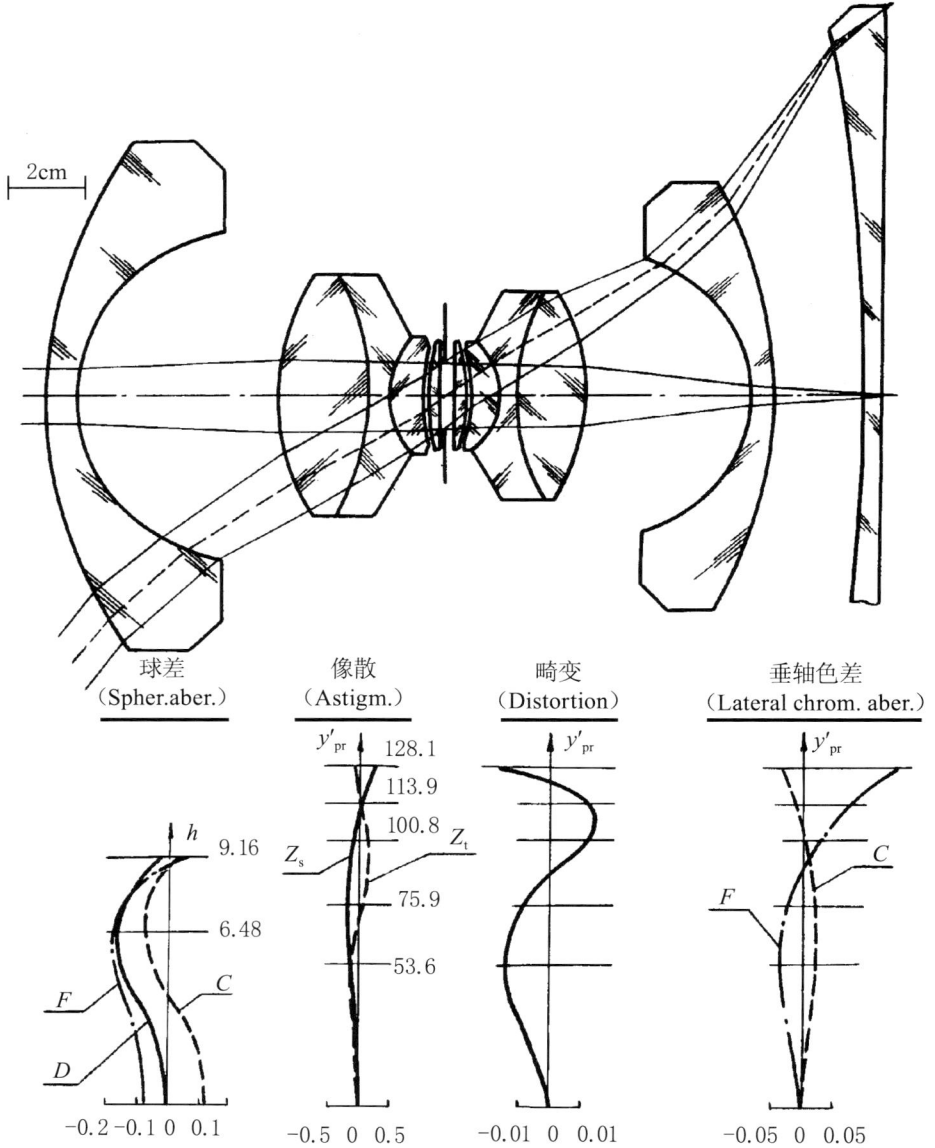

2cm

球差	像散	畸变	垂轴色差
(Spher.aber.)	(Astigm.)	(Distortion)	(Lateral chrom. aber.)

球差
(Spher.aber.)

像散
(Astigm.)

畸变
(Distortion)

垂轴色差
(Lateral chrom. aber.)

"Russar-65"镜头结构参数

(Constructive Dates of "Russar-65")

表 71

(Table 71)

透镜表面序号 (Surface No.)	r	d	n_D	ν_D	玻璃牌号 (Sort of glass)	ϕ_D
1	146.27					163.20
		9.6	1.5004	66.01	K2	
2	55.71					108.08
		63.0	1			
3	76.22					76.46
		29.53	1.6568	51.11	TK21	
4	−84.1					62.20
		6.7	1.5480	53.94	BF4	
5	26.66					36.28
		11.4	1.4874	70.02	LK3	
6	71.37					28.86
		0.6	1			
7	71.72					27.88
		4.27	1.4874	70.02	LK3	
8	975.0					24.08
		4.04	1			
9	−747.0					26.44
		3.39	1.4874	70.02	LK3	
10	−58.66					28.54
		0.38	1			
11	−58.0					29.02
		9.22	1.4874	70.02	LK3	
12	−22.63					33.44
		5.42	1.5480	45.85	LF10	
13	66.56					57.20
		23.51	1.6568	51.11	TK21	
14	−62.3					65.00
		51.3	1			
15	−46.88					88.92
		8.18	1.6222	53.13	BF11	
16	−144.07					134.28
		27.67	1			
17	−700.0					231.60
		5.75	1.5163	64.05	K8	
18	∞					257.00

$f' = 100.796$；$S'_{F'} = 0.010$

孔径光阑距第 8 表面 1.38mm，直径 $\phi_D = 20.66$mm

(A. d. at 1.38mm from the 8th surface, $\phi_D = 20.66$mm)

"Russar-66^{ML}"物镜
(Objective Lens "Russar-66^{ML}")

$f'=69.664 \quad S'_{F'}=0.311 \quad 2\omega=120° \quad D/f'=1 : 7.5$

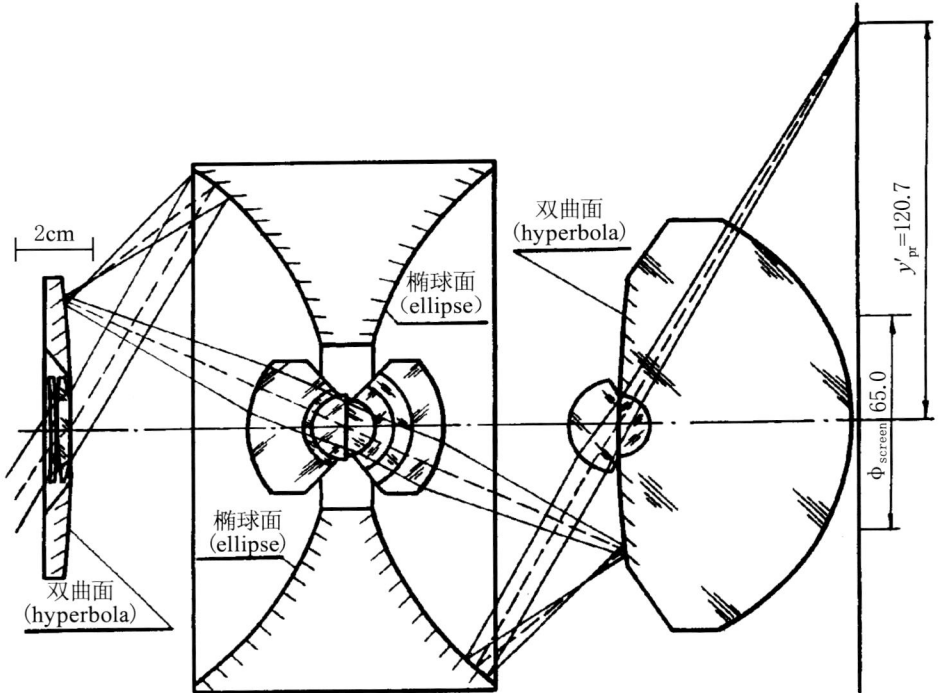

2cm

双曲面
(hyperbola)

椭球面
(ellipse)

椭球面
(ellipse)

双曲面
(hyperbola)

$y'_{pr}=120.7$

$\phi_{screen} 65.0$

球差
(Spher.aber.)

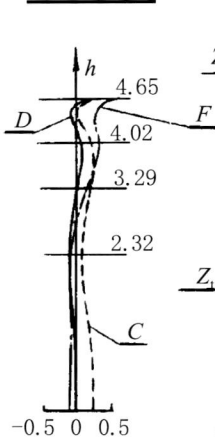

像散
(Astigm.)

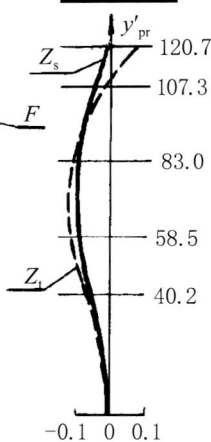

畸变
(Distortion)

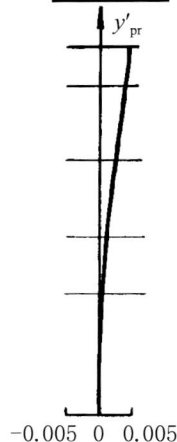

h

4.65

D

F

4.02

3.29

2.32

C

-0.5 0 0.5

y'_{pr}

Z_s

120.7

107.3

83.0

58.5

Z_t

40.2

-0.1 0 0.1

y'_{pr}

-0.005 0 0.005

"Russar-66^{ML}"物镜的放大率色差在全视场内针对全部波长范围正被消除。（Lateral chromatic aberation is strictly corrected in the whole field of view and for the whole wave length range）

"Russar-66^{ML}"镜头结构参数
(Constructive Dates of "Russar-66^{ML}")

表 72

(Table 72)

透镜表面序号 (Surface No.)	r	d	n_D	ν_D	玻璃牌号 (Sort of glass)	ϕ_D
1	−750.0					28.96
		2.0	1.6126	58.34	TK16	
2	−991.2					26.44
		0.0	1			
3	991.2					25.86
		4.0	1.6126	58.34	TK16	
4	1500.0					21.92
		76.45	1			
5	−96.27*					154.62
		−76.45	−1			
6	−321.01* *					80.46
		50.87	1			
7	29.41					38.32
		18.059	1.8040	42.92	OF877	
8	11.351					19.74
		1.714	1.5163	64.05	K8	
9	9.637					18.00
		9.637	1.6126	58.34	TK16	
10	∞					14.70
		8.12	1.6126	58.34	TK16	
11	−8.12					16.02
		5.013	1.6220	56.70	TK20	
12	−13.133					21.80
		6.065	1.8040	42.92	OF877	
13	−19.198					28.22
		10.192	1.8060	25.36	TF10	
14	−29.39					38.56
		50.89	1			
15	321.01* *					81.56
		−76.45	−1			
16	96.27*					153.48
		63.05	1			
17	13.4					26.62
		13.4	1.3920	98.75	LIF	
18	∞					19.38
		9.07	1.3920	98.75	LIF	
19	−9.07					17.78
		60.28	1.8078	41.36	TBF5	
20	−69.35					122.74

$$f'=69.664; \quad S'_{F'}=0.311$$

孔径光阑与第 10 表面重合,直径 $\phi_D=14.70\text{mm}$

(A. d. coincides with the 10th surface, $\phi_D=14.70\text{mm}$)

* 椭球面方程(Equation of the ellipse surface)

$$y^2=\mp192.54z-0.932784z^2$$

* * 双曲面方程(Equation of the hyperbola surface)

$$y^2=\mp642.02z+23.9864z^2$$

"Russar-67"物镜
(Objective Lens "Russar-67")

$f' = 70.681 \quad S'_{F'} = 0.002 \quad 2\omega = 120° \quad D/f' = 1 : 6.8$

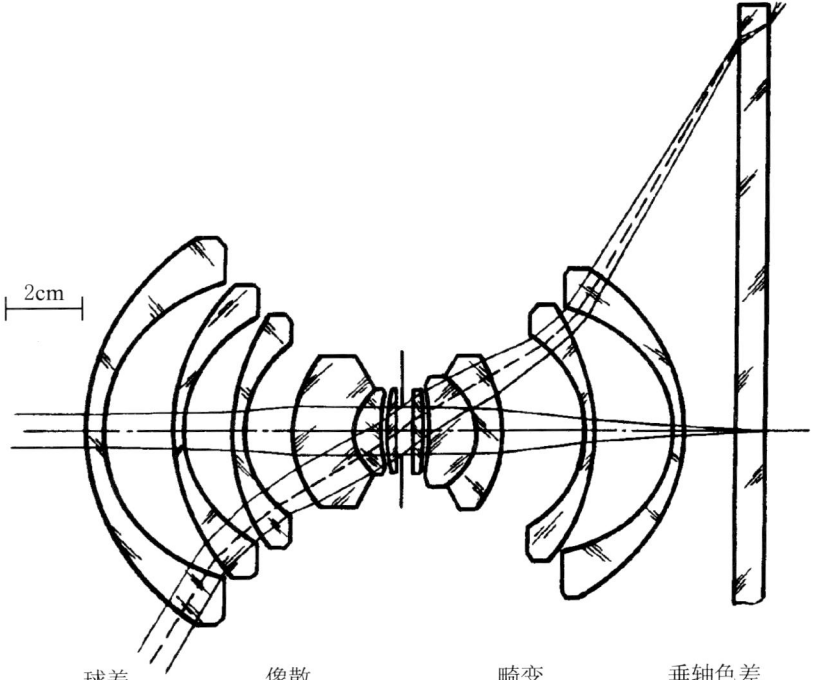

2cm

球差	像散	畸变	垂轴色差
(Spher.aber.)	(Astigm.)	(Distortion)	(Lateral chrom. aber.)

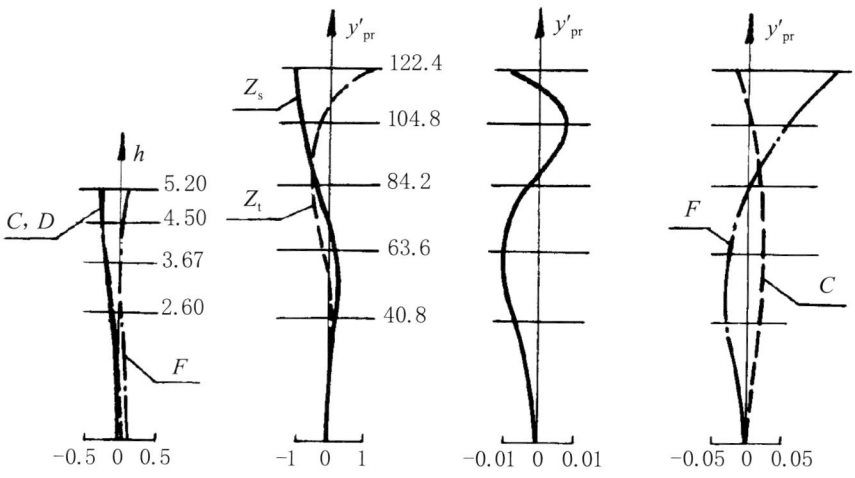

y'_{pr} — 122.4
Z_s — 104.8
h — 5.20
C, D — 4.50 Z_t — 84.2
— 3.67   — 63.6
— 2.60   — 40.8
F
y'_{pr}
y'_{pr}
F
C

-0.5 0 0.5   -1 0 1   -0.01 0 0.01   -0.05 0 0.05

"Russar-67"镜头结构参数
(Constructive Dates of "Russar-67")

表 73

(Table 73)

透镜表面序号 (Surface No.)	r	d	n_D	ν_D	玻璃牌号 (Sort of glass)	ϕ_D
1	68.48					115.90
2	45.43	5.63	1.5163	64.05	K8	88.24
3	62.54	19.68	1			84.56
4	37.19	3.73	1.5163	64.05	K8	66.84
5	64.76	14.18	1			64.02
6	30.13	2.98	1.5004	66.01	K2	51.36
7	35.94	14.7	1			44.62
8	16.52	18.25	1.6568	51.11	TK21	26.02
9	43.77	6.85	1.6130	60.57	TK14	23.72
10	41.71	1.5	1			21.80
11	2384.0	3.23	1.6130	60.57	TK14	19.88
12	221.9	4.75	1			19.86
13	−68.48	2.8	1.6038	60.62	TK13	21.56
14	−80.26	1.0	1			23.10
15	−17.61	15.0	1.6076	46.10	BF25	30.16
16	−42.62	7.54	1.7172	29.50	TF3	41.54
17	−32.73	23.9	1			55.76
18	−64.76	2.98	1.6140	55.11	TK8	69.70
19	−37.1	22.27	1			73.10
20	−56.7	3.23	1.6130	60.57	TK14	96.44
21	∞	13.65	1			232.6
22	∞	9.1	1.5163	64.05	K8	245.6

$$f' = 70.681; \quad S'_{F'} = -0.002$$

孔径光阑距第 11 表面 2.45mm,直径 $\phi_D = 14.3$mm

(A. d. at 2.45mm from the 11th surface, $\phi_D = 14.3$mm)

"Russar-68"物镜
(Objective Lens "Russar-68")

$f' = 350.072 \quad S'_{F'} = 257.116 \quad 2\omega = 40° \quad D/f' = 1 : 7$

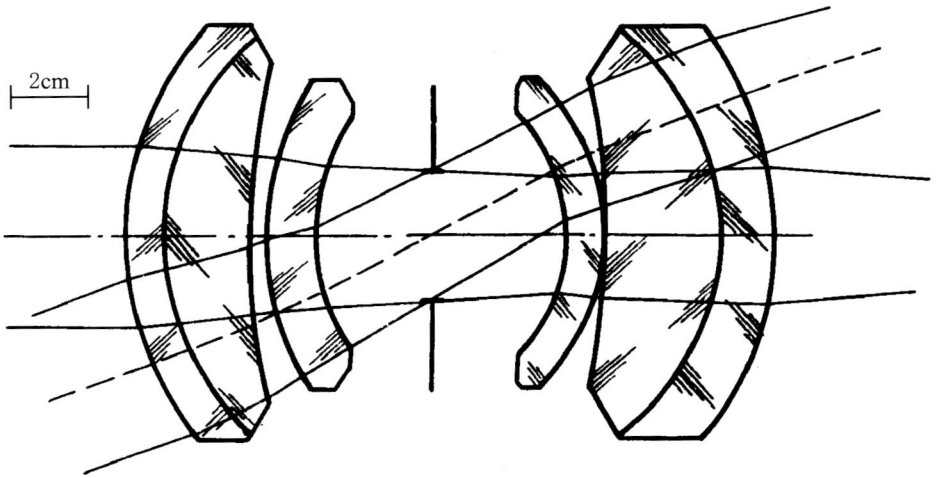

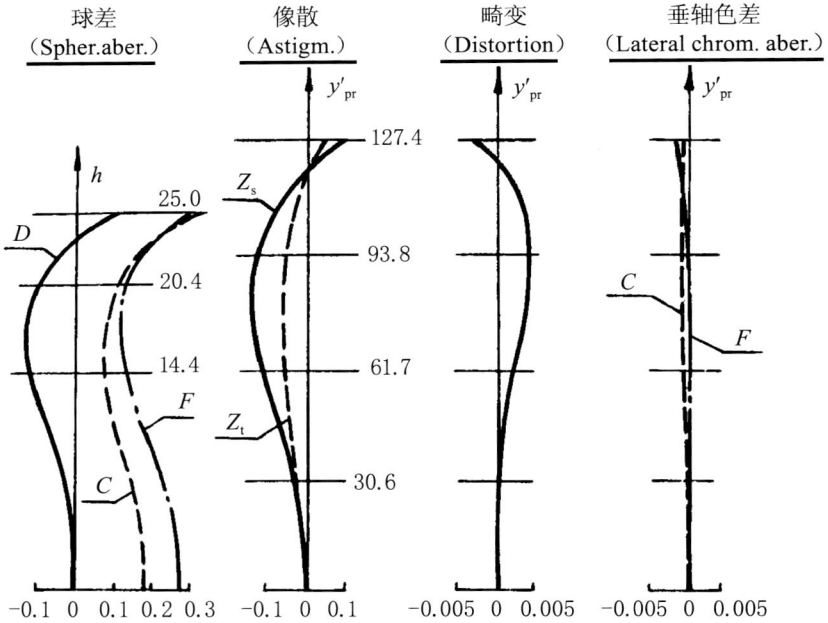

球差 （Spher.aber.）	像散 （Astigm.）	畸变 （Distortion）	垂轴色差 （Lateral chrom. aber.）

"Russar-68"镜头结构参数
(Constructive Dates of "Russar-68")

表 74

(Table 74)

透镜表面序号 (Surface No.)	r	d	n_D	ν_D	玻璃牌号 (Sort of glass)	ϕ_D
1	88.49					107.78
		10.15	1.6128	36.93	F1	
2	72.78					97.22
		22.21	1.6130	60.57	TK14	
3	178.15					88.02
		5.43	1			
4	81.48					75.38
		12.67	1.7550	27.52	TF5	
5	57.31					60.52
		65.62	1			
6	−47.87					60.68
		9.67	1.7550	27.52	TF5	
7	−62.07					72.06
		0.3	1			
8	−207.67					81.10
		28.90	1.6130	60.57	TK14	
9	−71.27					93.90
		14.47	1.6128	36.93	F1	
10	−93.56					106.80

$f' = 350.072; \quad S'_{F'} = 257.116$

孔径光阑距第 5 表面 29.6mm,直径 $\phi_D = 34.94$mm

(A. d. at 29.6mm from the 5th surface, $\phi_D = 34.94$mm)

149

"Russar-69^{ML}"物镜
(Objective Lens "Russar-69^{ML}")

$f'=69.905$　$S'_{F'}=218.850$　$2\omega=120°$　$D/f'=1：6.8$

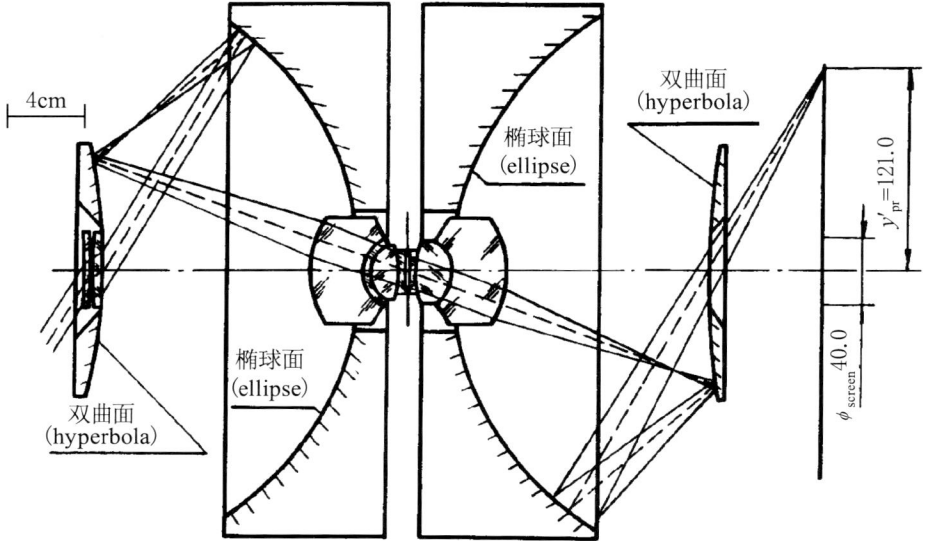

双曲面
(hyperbola)

椭球面
(ellipse)

4cm

椭球面
(ellipse)

双曲面
(hyperbola)

$y'_{pr}=121.0$

$\phi_{screen}\ 40.0$

球差 (Spher.aber.)	像散 (Astigm.)	畸变 (Distortion)	垂轴色差 (Lateral chrom. aber.)

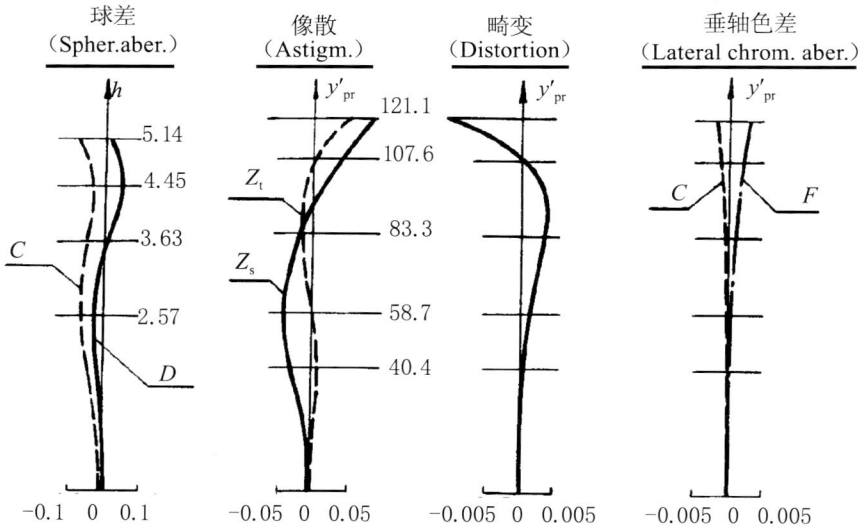

球差
(Spher.aber.)

h

5.14

4.45

3.63

C

2.57

D

-0.1　0　0.1

像散
(Astigm.)

y'_{pr}　121.1

107.6

Z_t

83.3

Z_s

58.7

40.4

-0.05　0　0.05

畸变
(Distortion)

y'_{pr}

-0.005　0　0.005

垂轴色差
(Lateral chrom. aber.)

y'_{pr}

C　　F

-0.005　0　0.005

"Russar-69^{ML}"镜头结构参数
(Constructive Dates of "Russar-69^{ML}")

表 75

(Table 75)

透镜表面序号 (Surface No.)	r	d	n_D	ν_D	玻璃牌号 (Sort of glass)	ϕ_D
1	−512.2					35.94
		2.89	1.6126	58.34	TK16	
2	−665.1					32.32
		0.26	1			
3	665.1					30.24
		5.23	1.6126	58.34	TK16	
4	1024.3					26.04
		148.90	1			
5	−182.91*					292.04
		−148.90	−1			
6	−335.18**					139.74
		119.55	1			
7	54.19					58.96
		33.22	1.8078	41.36	TBF5	
8	20.97					30.94
		2.77	1.5163	64.05	K8	
9	18.20					28.82
		16.9	1.6130	60.57	TK14	
10	−58.43					21.94
		0.65	1.5574	42.00	LF8	
11	∞					20.54
		0.72	1			
12	∞					20.48
		0.65	1.6709	47.27	BF16	
13	55.08					21.68
		22.39	1.6130	60.57	TK14	
14	−23.70					32.68
		31.04	1.8078	41.36	TBF5	
15	−54.74					57.72
		119.0	1			
16	355.18**					142.96
		−148.9	−1			
17	182.91*					302.14
			1			

$f'=69.905$；　$S'_{F'}=218.850$

孔径光阑距第 11 表面 0.36mm,直径 $\phi_D=20.0$mm

(A. d. at 0.36mm from the 11th surface, $\phi_D=20.0$mm)

* 椭球面方程(Equation of ellipse surfaces)

$$y^2=\mp365.82z-0.947836z^2$$

* * 双曲面方程(Equation of hyperbola surfaces)

$$y^2=\mp710.36z+8.17587z^2$$

"Russar-70^{RF}"物镜
(Objective Lens "Russar-70^{RF}")

$$f' = 179.172 \quad S'_{F'} = 111.739 \quad 2\omega = 61° \quad D/f' = 1 : 11$$

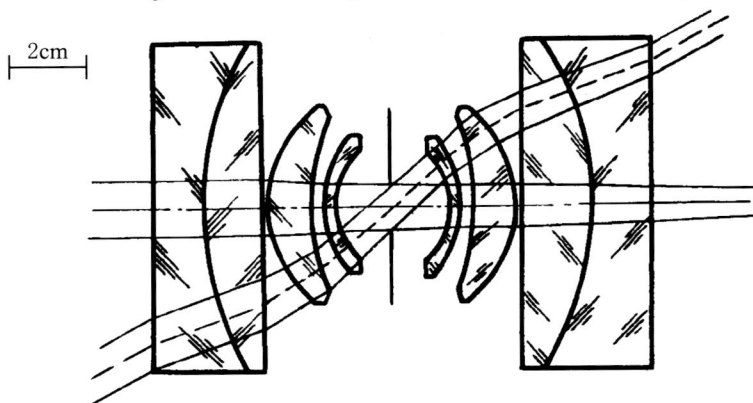

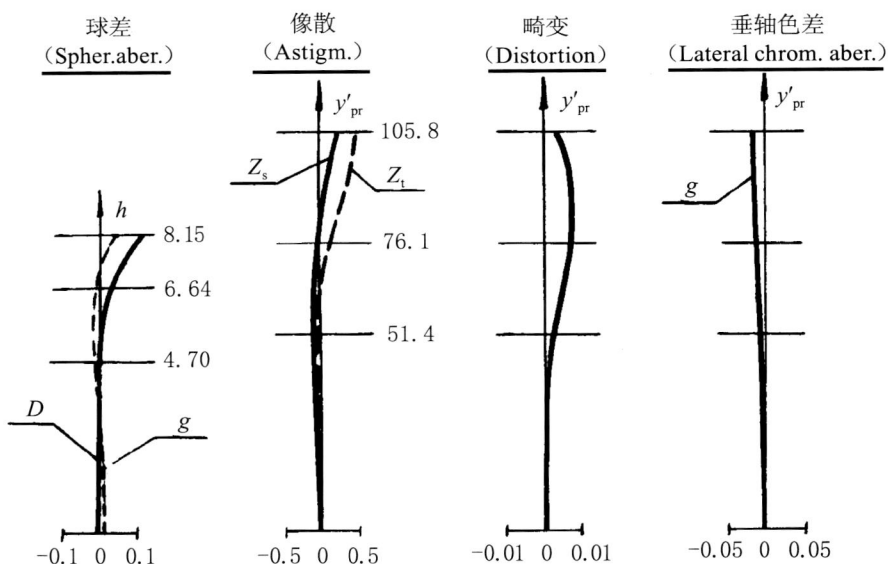

| 球差
(Spher.aber.) | 像散
(Astigm.) | 畸变
(Distortion) | 垂轴色差
(Lateral chrom. aber.) |

这种放大洗印镜头应工作在反向光路之下，其放大率范围为（Reproductive photo-transformer lens is operated in the backward ray trace，amplification. range of these lenses is)

$$V = -0.5 \times \sim -5.0 \times$$

图示光学系统及像差曲线都针对无限远正向传播光路（Optical scheme and aberation curves are given for the forward ray trace from the infinity.)

"Russar-70^{RF}"镜头结构参数
(Constructive Dates of "Russar-70^{RF}")

表 76

(Table 76)

透镜表面序号 (Surface No.)	r	d	n_D	ν_D	玻璃牌号 (Sort of glass)	ϕ_D
1	∞					89.62
2	∞	6.0	1.5163	64.05	K8	85.36
3	97.28	8.0	1.5175	51.13	KF7	74.40
4	∞	16.0	1.4874	70.02	LK3	68.30
5	34.83	1.47	1			52.78
6	59.63	11.09	1.6130	60.57	TK14	46.96
7	28.7	3.8	1			35.88
8	21.63	3.16	1.6137	34.57	F9	30.20
9	−21.63	31.74	1			29.40
10	−28.7	3.16	1.6137	34.57	F9	34.78
11	−59.63	3.8	1			44.96
12	−34.83	11.09	1.6130	60.57	TK14	51.12
13	∞	1.47	1			64.60
14	−89.22	19.12	1.4874	70.02	LK3	72.26
15	∞	10.0	1.5175	51.13	KF7	84.10
16	∞	6.0	1.5163	64.05	K8	88.12

$f'=179.172$；　$S'_{F'}=111.739$

孔径光阑距第 8 表面 15.87mm，直径 $\phi_D=12.06$mm

(A. d. at 15.87mm from the 8th surface, $\phi_D=12.06$mm)

"Russar-71"物镜
(Objective Lens "Russar-71")

$$f' = 100.170 \quad S'_{F'} = 0.007 \quad 2\omega = 103°36' \quad D/f' = 1 : 6.8$$

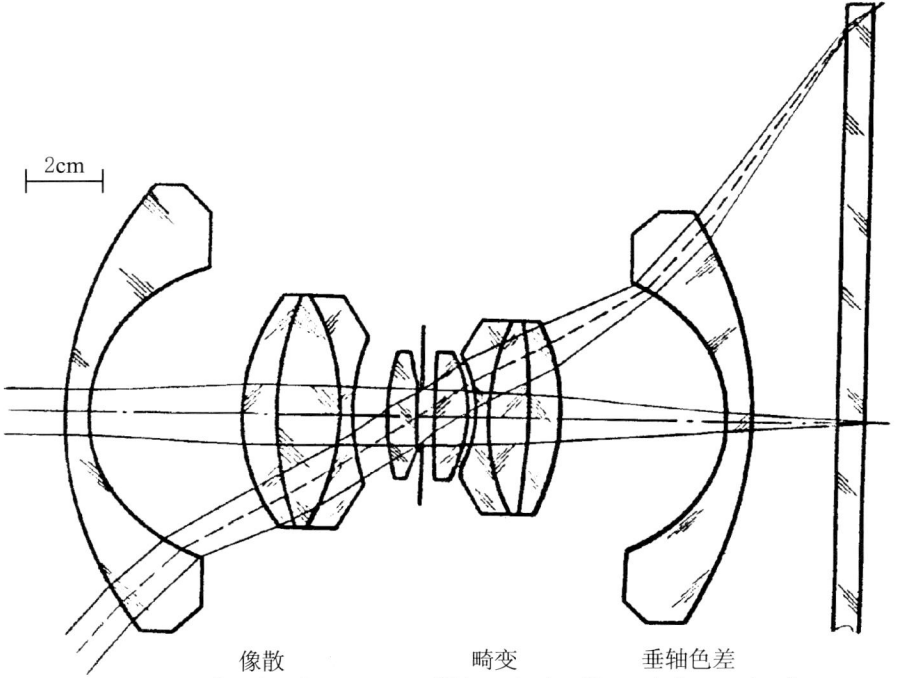

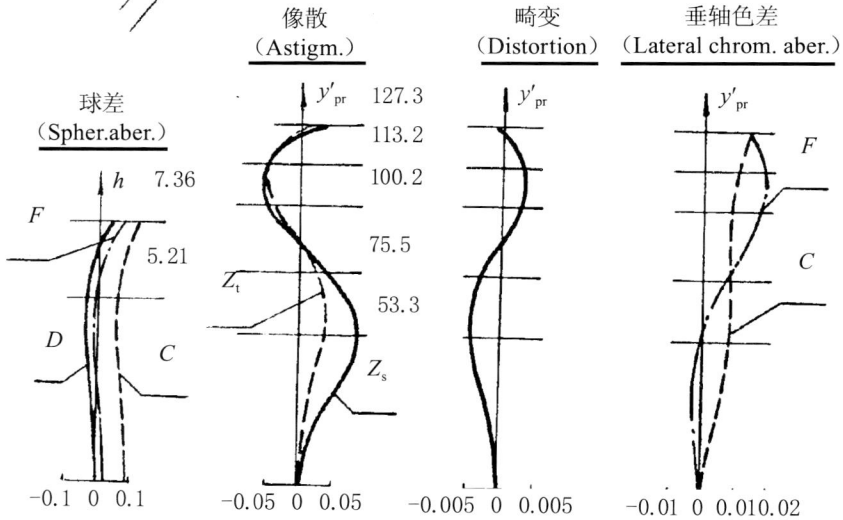

2cm

像散	畸变	垂轴色差
（Astigm.）	（Distortion）	（Lateral chrom. aber.）

球差
（Spher.aber.）

h 7.36
F
5.21
D C
-0.1 0 0.1

y'_{pr} 127.3
113.2
100.2
75.5
53.3
Z_t
Z_s
-0.05 0 0.05

y'_{pr}
-0.005 0 0.005

y'_{pr}
F
C
-0.01 0 0.010.02

"Russar-71"镜头结构参数
(Constructive Dates of "Russar-71")

表 77

(Table 77)

透镜表面序号 (Surface No.)	r	d	n_D	ν_D	玻璃牌号 (Sort of glass)	ϕ_D
1	111.86					130.12
		6.94	1.6130	60.57	TK14	
2	46.13					89.06
		45.18	1			
3	58.78					70.06
		10.21	1.6486	31.58	TF11	
4	98.57					65.50
		19.49	1.6568	51.11	TK21	
5	−67.08					57.58
		3.08	1.5800	38.00	LF9	
6	58.40					40.90
		9.37	1			
7	65.88					29.04
		9.88	1.5190	69.85	FK1	
8	310.4					19.44
		5.0	1			
9	298.6					25.24
		11.21	1.5190	69.85	FK1	
10	−39.52					32.70
		1.2	1			
11	−33.43					33.10
		2.93	1.5800	38.00	LF9	
12	64.76					45.56
		12.51	1.6504	38.46	BF26	
13	−262.1					52.40
		9.84	1.6594	57.33	STK3	
14	−67.59					57.06
		50.49	1			
15	−43.96					83.40
		6.59	1.6130	60.57	TK14	
16	−118.04					122.78
		26.35	1			
17	∞					244.6
		8.0	1.5163	64.05	K8	
18	∞					254.8

$f' = 100.170；\quad S'_{F'} = 0.007$

孔径光阑距第 8 表面 1.24mm,直径 $\phi_D = 17.1$mm

(A. d. at 1.24mm from the 8th surface, $\phi_D = 17.1$mm)

"Russar-72"物镜
(Objective Lens "Russar-72")

$f' = 500.009 \quad S'_{F'} = 155.798 \quad 2\omega = 28°36' \quad D/f' = 1 : 7.3$

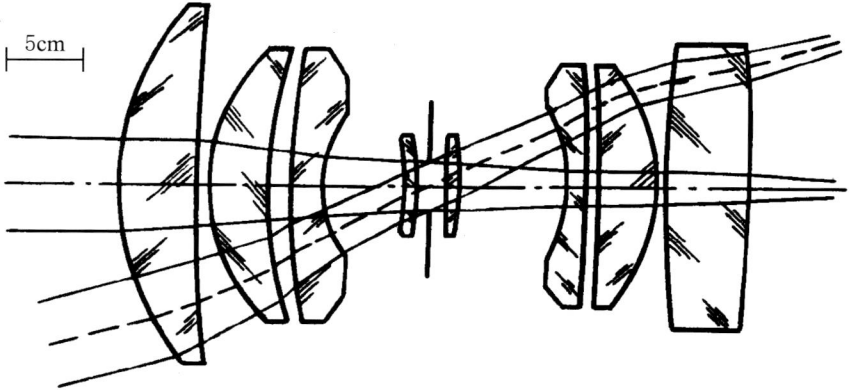

球差	像散	畸变	垂轴色差
（Spher.aber.）	（Astigm.）	（Distortion）	（Lateral chrom. aber.）

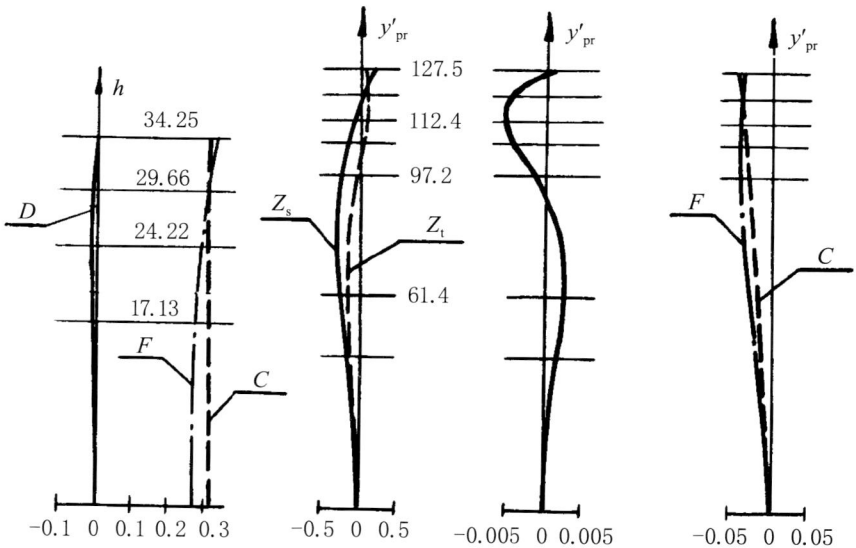

156

"Russar-72"镜头结构参数
(Constructive Dates of "Russar-72")

表 78

(Table 78)

透镜表面序号 (Surface No.)	r	d	n_D	ν_D	玻璃牌号 (Sort of glass)	ϕ_D
1	201.85					243.32
		53.8	1.6126	58.34	TK16	
2	1306.3					227.90
		0.75	1			
3	134.06					182.98
		38.42	1.5688	62.92	TK12	
4	320.07					162.82
		15.37	1			
5	561.7					138.48
		23.05	1.7172	29.50	TF3	
6	86.36					96.74
		54.7	1			
7	−177.17					52.42
		7.68	1.6126	58.34	TK16	
8	−232.0					48.12
		21.36	1			
9	−2751.7					46.22
		7.68	1.6126	58.34	TK16	
10	−238.8					50.08
		73.0	1			
11	−110.48					103.04
		15.37	1.6126	58.34	TK16	
12	−1811.5					128.20
		7.68	1			
13	−1300.0					140.24
		38.42	1.6279	59.35	TK17	
14	−130.56					154.42
		0.75	1			
15	944.1					174.18
		53.8	1.6126	58.34	TK16	
16	−1168.0					188.76

$f'=500.009$；$S'_{F'}=155.798$

孔径光阑距第 8 表面 10.68mm，直径 $\phi_D=35.38$mm

(A. d. at 10.68mm from the 8th surface, $\phi_D=35.38$mm)

"Russar-73"物镜
(Objective Lens "Russar-73")

$$f'=70.029 \quad S'_{F'}=0.003 \quad 2\omega=120° \quad D/f'=1:5.6$$

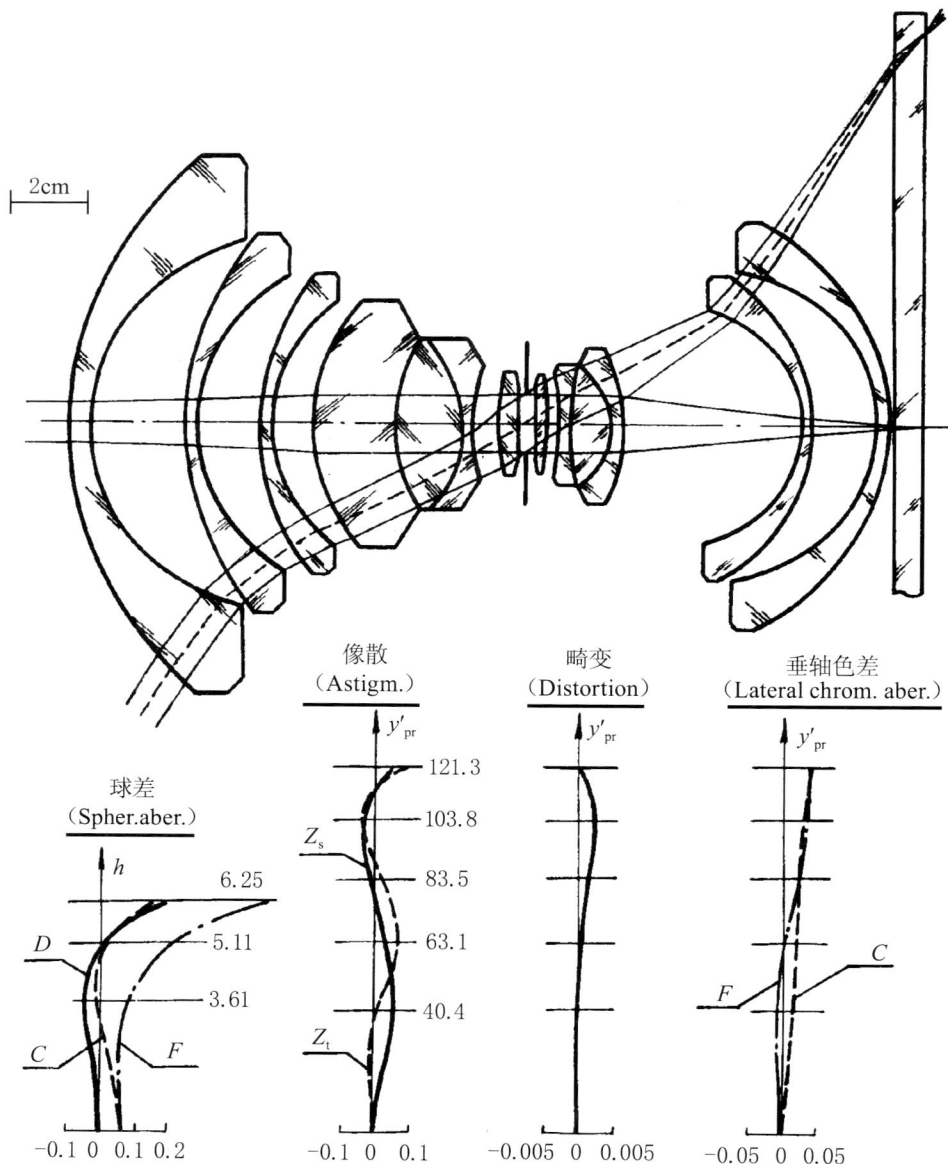

2cm

球差
（Spher.aber.）

h

6.25
5.11
3.61

D
C F

-0.1 0 0.1 0.2

像散
（Astigm.）

y'_{pr}

121.3
103.8
83.5
63.1
40.4

Z_s
Z_t

-0.1 0 0.1

畸变
（Distortion）

y'_{pr}

-0.005 0 0.005

垂轴色差
（Lateral chrom. aber.）

y'_{pr}

F C

-0.05 0 0.05

"Russar-73"镜头结构参数
(Constructive Dates of "Russar-73")

表 79

(Table 79)

透镜表面序号 (Surface No.)	r	d	n_D	ν_D	玻璃牌号 (Sort of glass)	ϕ_D
1	108.74					158.44
2	56.46	5.58	1.5163	64.05	K8	110.64
3	91.31	28.27	1			108.70
4	52.17	3.73	1.5163	64.05	K8	89.64
5	76.42	18.27	1			83.66
6	46.42	2.97	1.5004	66.01	K2	73.46
7	57.55	10.55	1			70.36
8	51.05	24.64	1.6725	32.22	TF2	50.88
9	-38.84	19.45	1.6067	43.96	BF27	45.62
10	53.70	3.0	1.6128	36.93	F1	32.92
11	55.45	7.6	1			25.10
12	1893.6	6.3	1.6130	60.57	TK14	20.70
13	146.1	4.7	1			25.90
14	-84.38	3.0	1.6038	60.62	TK13	26.96
15	-75.15	3.5	1			30.36
16	131.83	3.0	1.6038	60.62	TK13	35.12
17	-21.17	12.43	1.6067	43.96	BF27	36.08
18	-51.54	3.5	1.7172	29.50	TF3	44.16
19	-36.75	52.73	1			71.54
20	-55.73	3.5	1.6140	40.02	BF21	90.44
21	-47.47	17.85	1			93.56
22	-69.11	4.0	1.6130	60.57	TK14	120.34
23	∞	0.64	1			231.2
24	∞	8.8	1.5163	64.05	K8	243.4

$f' = 70.029$； $S'_{F'} = 0.003$

孔径光阑距第 12 表面 1.15mm,直径 $\phi_D = 18.74$mm

(A. d. at 1.15mm from the 12th surface, $\phi_D = 18.74$mm)

"Russar-74"物镜
(Objective Lens "Russar-74")

$$f' = 350.408 \quad S'_{F'} = 258.939 \quad 2\omega = 40° \quad D/f' = 1 : 7$$

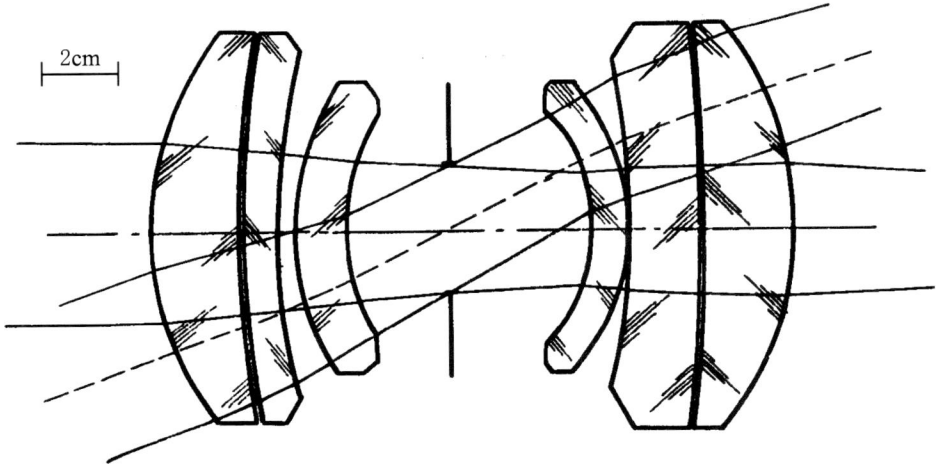

球差 (Spher.aber.)	像散 (Astigm.)	畸变 (Distortion)

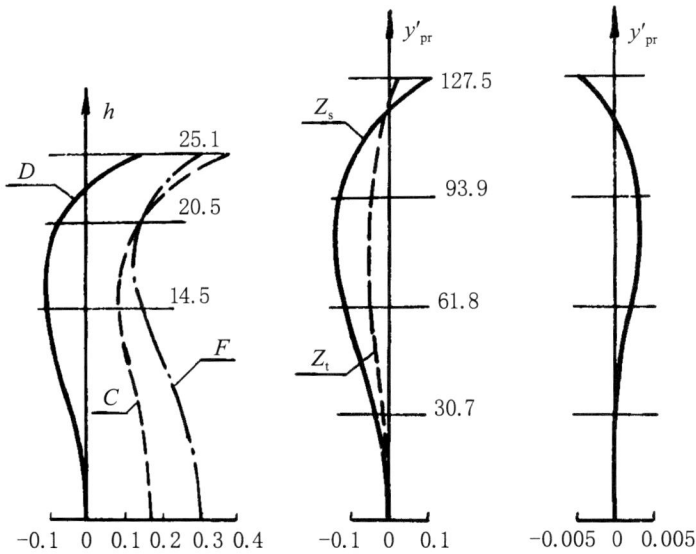

"Russar-74"镜头结构参数
(Constructive Dates of "Russar-74")

表 80

(Table 80)

透镜表面序号 (Surface No.)	r	d	n_D	ν_D	玻璃牌号 (Sort of glass)	ϕ_D
1	89.13					105.14
		22.81	1.6130	60.57	TK14	
2	283.7					95.58
		0.2	1			
3	283.7					95.32
		9.6	1.6128	36.93	F1	
4	178.43					84.40
		5.43	1			
5	81.48					72.76
		12.67	1.7550	27.52	TF5	
6	57.31					58.34
		65.88	1			
7	−47.87					62.76
		9.67	1.7550	27.52	TF5	
8	−62.07					74.44
		0.3	1			
9	−204.6					84.12
		16.83	1.6128	36.93	F1	
10	−589.4					100.34
		0.2	1			
11	−589.4					100.62
		24.74	1.6130	60.57	TK14	
12	−92.3					108.50

$f' = 350.408$；$S'_{F'} = 258.939$

孔径光阑距第 6 表面 27.14mm，直径 $\phi_D = 35.30$mm

(A. d. at 27.14mm from the 6th surface，$\phi_D = 35.30$mm)

"Russar-75"物镜
(Objective Lens "Russar-75")

$$f' = 350.098 \quad S'_{F'} = 242.969 \quad 2\omega = 40° \quad D/f' = 1 : 7$$

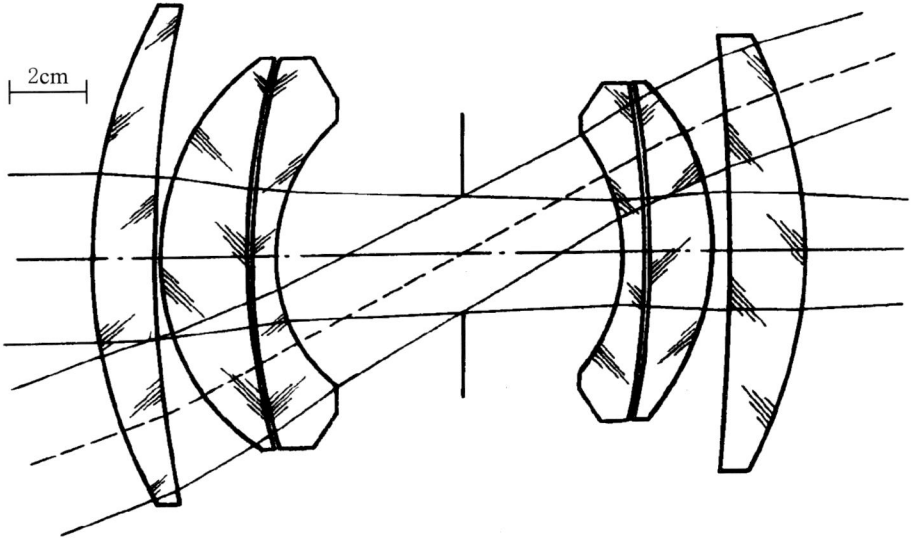

球差 （Spher.aber.）	像散 （Astigm.）	畸变 （Distortion）	垂轴色差 （Lateral chrom. aber.）

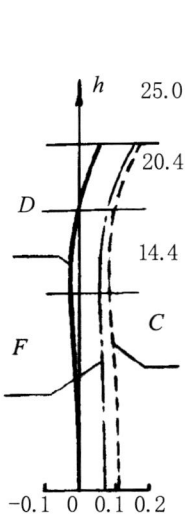

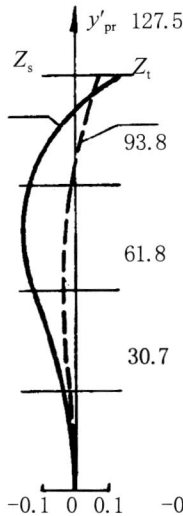

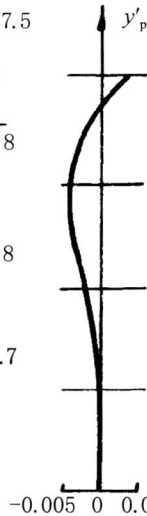

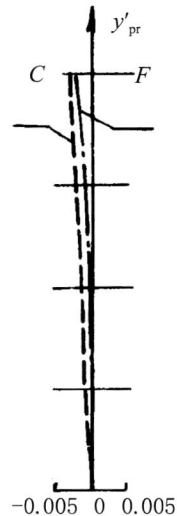

"Russar-75"镜头结构参数
(Constructive Dates of "Russar-75")

表 81

(Table 81)

透镜表面序号 (Surface No.)	r	d	n_D	ν_D	玻璃牌号 (Sort of glass)	ϕ_D
1	157.58					142.92
2	351.43	17.62	1.5799	65.08	TK14	136.92
3	71.37	1.82	1			112.00
4	220.07	25.0	1.5799	65.08	TK14	105.36
5	204.87	1.07	1			102.24
6	52.95	6.07	1.6123	44.08	OF3	77.20
7	−59.96	97.49	1			70.58
8	−327.15	6.07	1.6123	44.08	OF3	88.20
9	−306.81	1.12	1			89.94
10	−73.93	18.93	1.5799	65.08	FK14	95.74
11	−699.96	3.95	1			115.32
12	−140.71	21.43	1.5799	65.08	FK14	122.00

$f' = 350.098$; $S'_{F'} = 242.969$

孔径光阑距第 6 表面 51.71mm,直径 $\phi_D = 33.92$mm

(A. d. at 51.71mm from the 6th surface, $\phi_D = 33.92$mm)

163

"Russar-76^{RF}"物镜
(Objective Lens "Russar-76^{RF}")

$$f'=178.910 \quad S'_{F'}=127.670 \quad 2\omega=90° \quad D/f'=1:11$$

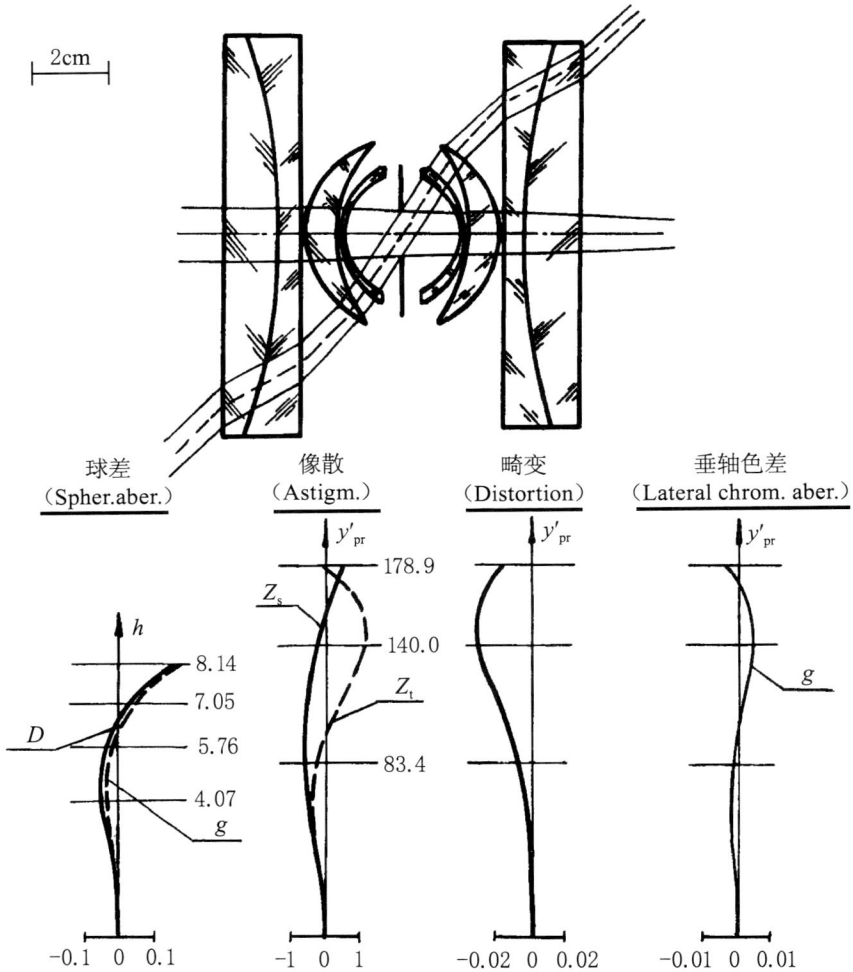

球差	像散	畸变	垂轴色差
(Spher.aber.)	(Astigm.)	(Distortion)	(Lateral chrom. aber.)

这种放大洗印镜头应工作在反向光路之下,其放大率范围为(Reproductive photo-transformer lens is operated in the backward ray trace, amplification. range of these lenses is)

$$V=-2\times \sim -5\times$$

图示光学系统及像差曲线都针对无限远正向传播光路(Optical scheme and aberation curves are given for the forward ray trace from the infinity.)

"Russar-76^{RF}"镜头结构参数
(Constructive Dates of "Russar-76^{RF}")

表 82

(Table 82)

透镜表面序号 (Surface No.)	r	d	n_D	ν_D	玻璃牌号 (Sort of glass)	ϕ_D
1	∞					113.20
2	−203.7	16.1	1.5190	69.85	FK1	103.26
3	∞	6.46	1.5005	57.20	KF6	89.08
4	28.38	0.86	1			52.22
5	41.30	8.76	1.6084	65.21	TFK1	51.16
6	24.15	1.46	1			39.54
7	19.187	1.29	1.6137	34.57	F9	34.22
8	−19.588	34.0	1			34.30
9	−24.60	1.32	1.6137	34.57	F9	39.44
10	−42.07	1.49	1			50.58
11	−28.97	8.94	1.6084	65.21	TFK1	52.46
12	∞	0.88	1			86.92
13	208.9	6.59	1.5005	57.20	KF6	100.34
14	∞	16.42	1.5190	69.85	FK1	110.94

$f'=178.910$;　$S'_{F'}=127.670$

孔径光阑距第 7 表面 17.0mm,直径 $\phi_D=12.76$mm

(A. d. at 17.0mm from the 7th surface, $\phi_D=12.76$mm)

"Russar-77"物镜
(Objective Lens "Russar-77")

$$f' = 2999.59 \quad S'_{F'} = 72.740 \quad 2\omega = 8° \quad D/f' = 1 : 6$$

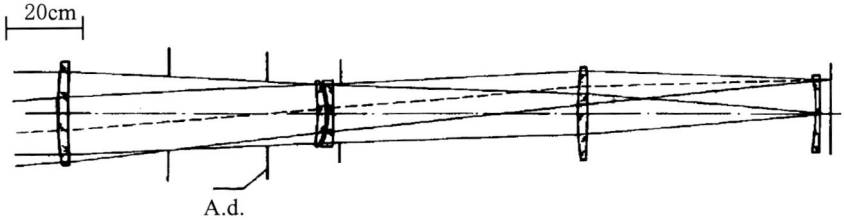

20cm

A.d.

球差 (Spher.aber.)	像散 (Astigm.)	二次光谱 (Secondary spectrum)

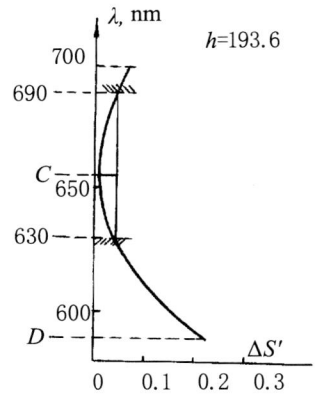

球差 (Spher.aber.)

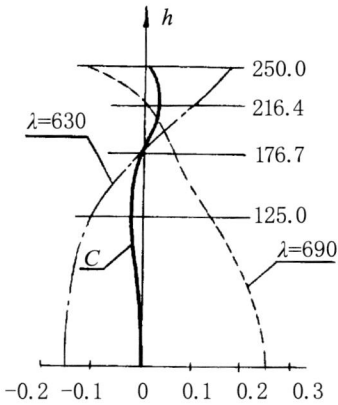

h

250.0
216.4
176.7
125.0

$\lambda = 630$

C

$\lambda = 690$

-0.2 -0.1 0 0.1 0.2 0.3

像散 (Astigm.)

Z_s
Z_t

ω

4°
2° 30′
1°

-0.1 0 0.1

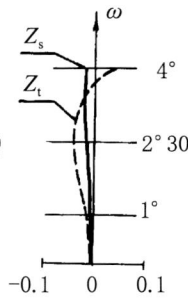

二次光谱 (Secondary spectrum)

λ, nm

$h = 193.6$

700
690
C 650
630
600
D

$\Delta S'$

0 0.1 0.2 0.3

"Russar-77"镜头结构参数
(Constructive Dates of "Russar-77")

表 83

(Table 83)

透镜表面序号 (Surface No.)	r	d	n_C	n_D	ν_D	玻璃牌号 (Sort of glass)	ϕ_D
1	2249.0						613.0
2	7178.0	63.0	1.60563	1.6084	65.21	TFK1	603.8
3	−2399.0	1455.0	1				360.4
4	−483.31	45.0	1.60563	1.6084	65.21	TFK1	360.4
5	−479.74	2.44	1				359.2
6	−2992.0	24.0	1.60825	1.6123	44.08	OF3	359.2
7	1745.8	1444.0	1				534.2
8	−10186.0	54.0	1.60563	1.6084	65.21	TFK1	533.0
9	−1213.4	1346.0	1				407.2
10	21280.0	30.0	1.61001	1.6130	60.57	TK14	410.6

$f'_C = 2999.59$；$S'_{F'} = 72.740$

孔径光阑距第 2 表面 1153.0mm，直径 $\phi_D = 387.94$mm

(A. d. at 1153.0mm from the 2th surface, $\phi_D = 387.94$mm)

167

"Russar-78"物镜
(Objective Lens "Russar-78")

$f' = 4495.61$　$S'_{F'} = 191.512$　$2\omega = 6°$　$D/f' = 1 : 7$

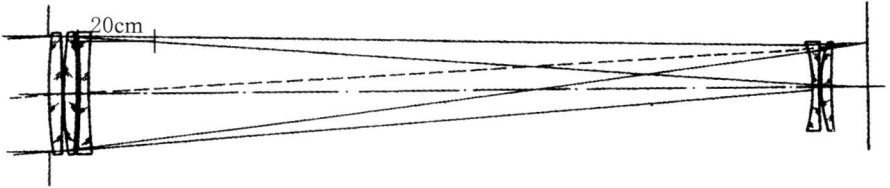

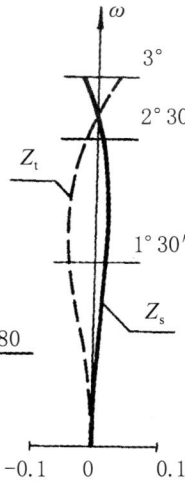

球差 （Spher.aber.)	像散 （Astigm.)	二次光谱 （Secondary spectrum)

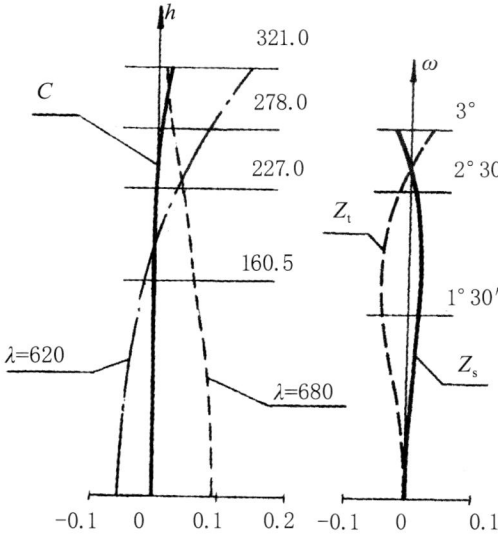

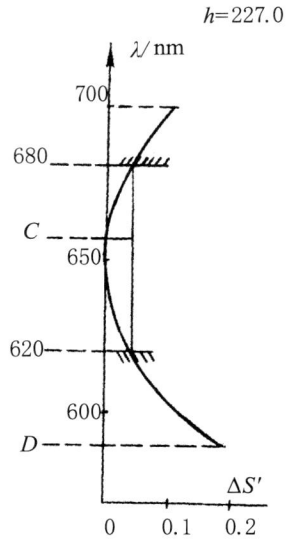

"Russar-78"镜头结构参数
(Constructive Dates of "Russar-78")

表 84

(Table 84)

透镜表面序号 (Surface No.)	r	d	n_C	n_D	ν_D	玻璃牌号 (Sort of glass)	ϕ_D
1	3093.0						642.0
		67.5	1.52018	1.5222	76.34	OK1	
2	−12728.0						642.0
		2.4	1				
3	2116.0						641.0
		67.5	1.52018	1.5222	76.34	OK1	
4	−4330.0						637.2
		10.3	1				
5	−4426.0						634.2
		50.0	1.64614	1.6505	43.45	OF4	
6	3190.0						626.2
		3814.6	1				
7	−955.0						454.6
		40.0	1.51389	1.5163	64.05	K8	
8	9517.0						463.0
		1.6	1				
9	1001.0						469.2
		50.0	1.64282	1.6486	31.58	TF11	
10	2238.0						467.4

$f'_C = 4495.61$; $S'_{F'} = 191.512$

入瞳与第 1 表面重合,直径 $\phi_D = 642.0$mm

(Entrance pupil coincides with the 1st surface, $\phi_D = 642.0$mm)

169

"Russar-78ª"物镜
(Objective Lens "Russar-78ª")

$$f' = 4492.22 \quad S'_{F'} = 276.828 \quad 2\omega = 6° \quad D/f' = 1 : 7$$

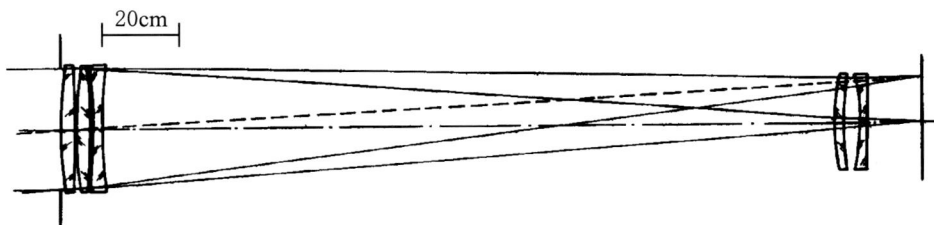

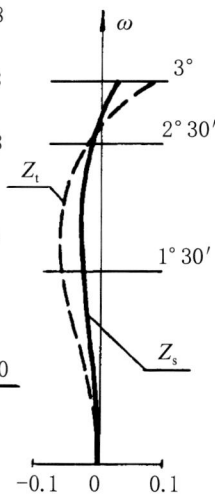

球差 (Spher.aber.)	像散 (Astigm.)	二次光谱 (Secondary spectrum)

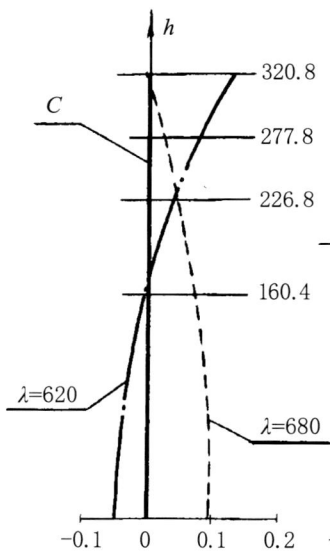

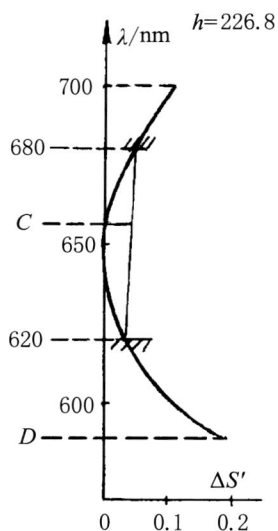

"Russar-78ᵃ"镜头结构参数
(Constructive Dates of "Russar-78ᵃ")

表 85

(Table 85)

透镜表面序号 (Surface No.)	r	d	n_C	n_D	ν_D	玻璃牌号 (Sort of glass)	ϕ_D
1	3076.0						641.6
		67.5	1.52018	1.5222	76.34	OK1	
2	−14997.0						641.4
		1.0	1				
3	2167.0						640.6
		67.5	1.52018	1.5222	76.34	OK1	
4	−4246.0						636.8
		10.6	1				
5	−4365.0						634.0
		50.0	1.64614	1.6505	43.45	OF4	
6	3302.0						626.2
		3717.5	1				
7	1172.2						466.0
		50.0	1.71037	1.7172	29.50	TF3	
8	1803.0						458.2
		76.8	1				
9	−1258.9						452.0
		40.0	1.65306	1.6568	51.11	TK21	
10	−14454.0						455.2

$f'_C = 4492.22$；　$S'_{F'} = 276.828$

入瞳与第 1 表面重合，直径 $\phi_D = 641.6$mm

(Entrance pupil coincides with the 1st surface，$\phi_D = 641.6$mm)

"Tele-Russar"物镜
(Objective Lens "Tele-Russar")

$$f'=300.223 \quad S'_{F'}=13.266 \quad 2\omega=12° \quad D/f'=1 : 4$$

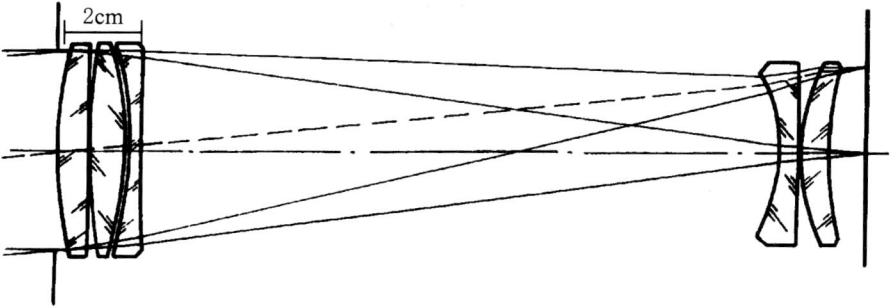

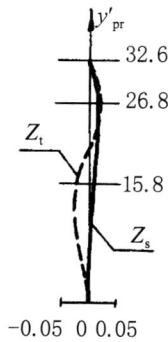

球差 (Spher.aber.)	像散 （Astigm.）	畸变 （Distortion）	垂轴色差 (Lateral chrom. aber.)

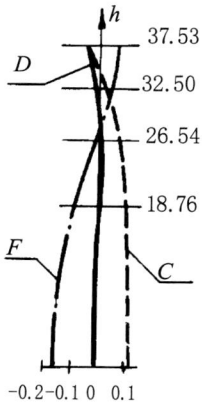

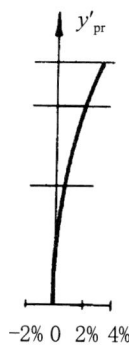

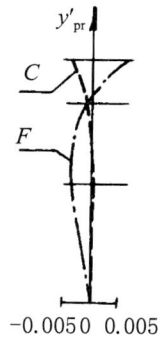

"Tele-Russar"镜头结构参数
(Constructive Dates of "Tele-Russar")

表 86

(Table 86)

透镜表面序号 (Surface No.)	r	d	n_D	ν_D	玻璃牌号 (Sort of glass)	ϕ_D
1	162.93					75.06
		11.4	1.5222	76.34	OK1	
2	9817.0					74.88
		0.1	1			
3	320.6					74.80
		12.34	1.5222	76.34	OK1	
4	−142.23					74.26
		0.22	1			
5	−145.72					74.08
		5.7	1.6505	43.45	OF4	
6	1541.7					73.44
		232.3	1			
7	−67.92					58.08
		7.6	1.5163	64.05	K8	
8	∞					61.94
		0.1	1			
9	80.72					64.86
		10.0	1.6486	31.58	TF11	
10	143.55					64.10

$$f'=300.223; \quad S'_{F'}=13.266$$

入瞳与第 1 表面重合,直径 $\phi_D=75.06\text{mm}$

(Entrance pupil coincides with the 1st surface, $\phi_D=75.06\text{mm}$)

"Russar-79"物镜
(Objective Lens "Russar-79")

$f'=69.969$ $S'_{F'}=0.001$ $2\omega=120°$ $D/f'=1:5.6$

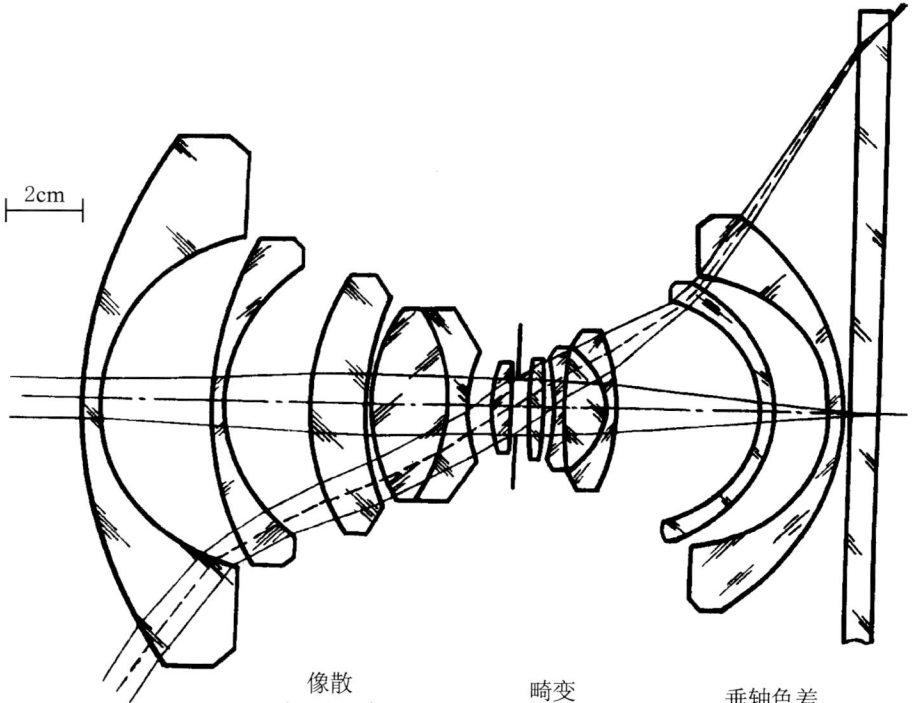

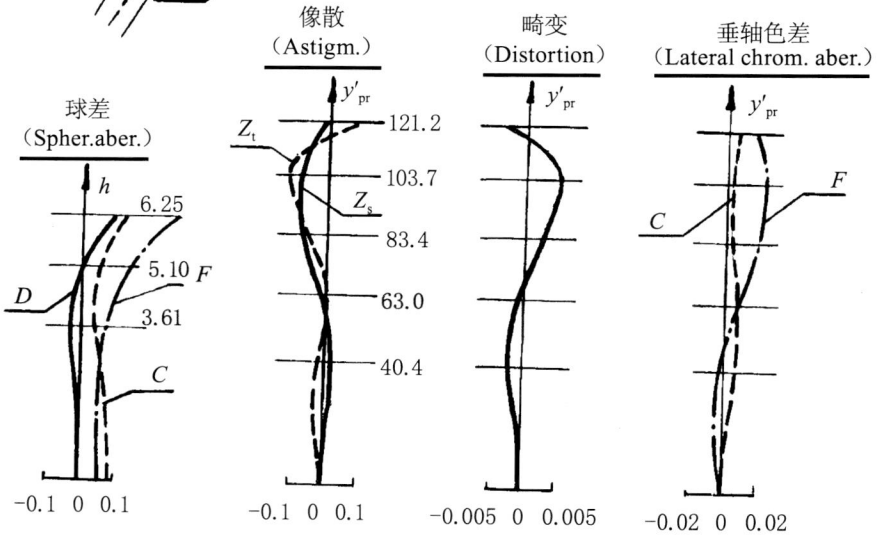

像散
（Astigm.）

畸变
（Distortion）

垂轴色差
（Lateral chrom. aber.）

球差
（Spher.aber.）

"Russar-79"镜头结构参数
(Constructive Dates of "Russar-79")

表 87

(Table 87)

透镜表面序号 (Surface No.)	r	d	n_D	ν_D	玻璃牌号 (Sort of glass)	ϕ_D
1	141.03					160.82
		5.75	1.5004	66.01	K2	
2	52.14					102.60
		33.22	1			
3	105.27					98.84
		3.85	1.5004	66.01	K2	
4	51.49					83.06
		25.04	1			
5	75.39					73.18
		16.97	1.7172	29.50	TF3	
6	87.71					61.60
		0.83	1			
7	55.12					58.12
		25.32	1.6123	44.08	OF3	
8	−49.1					45.84
		3.92	1.6137	34.57	F9	
9	44.51					32.26
		7.67	1			
10	49.1					24.34
		6.03	1.6130	60.57	TK14	
11	1984.0					20.00
		4.85	1			
12	129.64					24.94
		4.12	1.6038	60.62	TK13	
13	−100.28					26.94
		4.2	1			
14	−64.94					30.62
		3.2	1.6038	60.62	TK13	
15	175.38					35.76
		12.37	1.6067	43.96	BF27	
16	−21.73					36.84
		3.2	1.7172	29.50	TF3	
17	−56.14					45.20
		42.92	1			
18	−34.46					67.06
		4.14	1.6140	55.11	TK8	
19	−43.6					79.16
		16.56	1			
20	−42.78					85.04
		4.04	1.6130	60.57	TK14	
21	−73.23					119.62
		2.49	1			
22	∞					230.0
		9.1	1.5163	64.05	K8	
23	∞					242.6

$f' = 69.969$; $S'_{F'} = 0.001$

孔径光阑距第 11 表面 1.2mm,直径 $\phi_D = 17.74$mm

(A. d. at 1.2mm from the 11th surface, $\phi_D = 17.74$mm)

"Russar-80"物镜
(Objective Lens "Russar-80")

$$f'=70.138 \quad S'_{F'}=0.004 \quad 2\omega=120° \quad D/f'=1:6.8$$

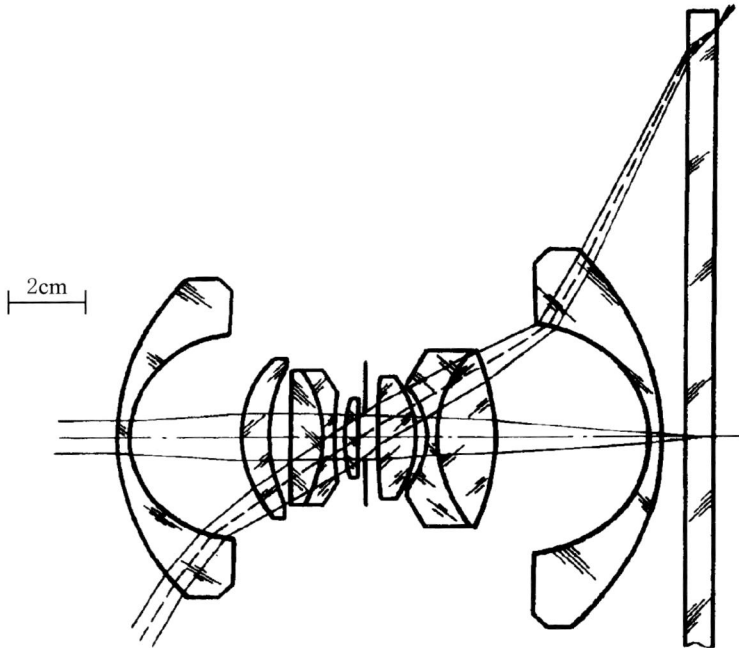

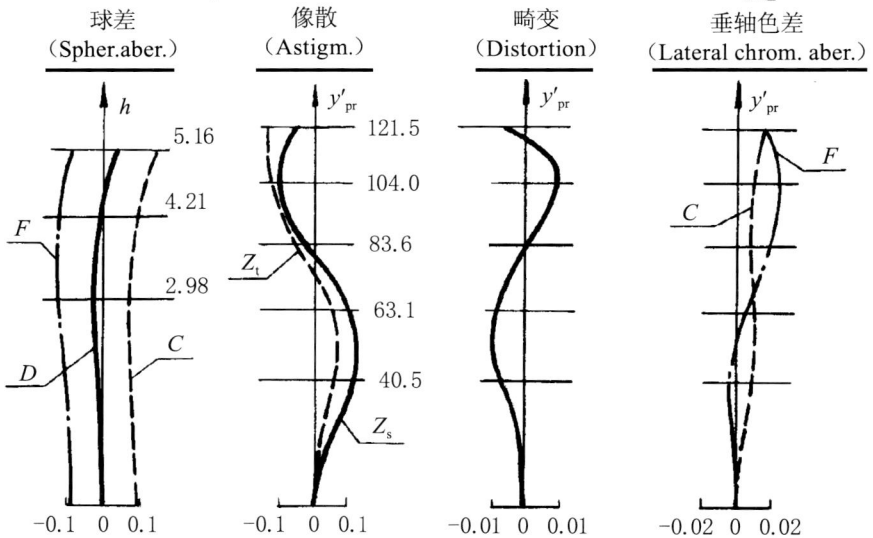

2cm

球差
（Spher.aber.）

像散
（Astigm.）

畸变
（Distortion）

垂轴色差
（Lateral chrom. aber.）

h

5.16

4.21

2.98

F

D

C

-0.1　0　0.1

y'_{pr}

121.5

104.0

83.6

63.1

40.5

Z_t

Z_s

-0.1　0　0.1

y'_{pr}

-0.01　0　0.01

y'_{pr}

F

C

-0.02　0　0.02

"Russar-80"镜头结构参数
(Constructive Dates of "Russar-80")

表 88

(Table 88)

透镜表面序号 (Surface No.)	r	d	n_D	ν_D	玻璃牌号 (Sort of glass)	ϕ_D
1	66.06					92.08
		4.56	1.6130	60.57	TK14	
2	29.60					58.82
		30.89	1			
3	34.18					43.86
		7.45	1.7172	29.50	TF3	
4	45.95					38.68
		5.43	1			
5	−2868.0					36.70
		9.38	1.6568	51.11	TK21	
6	−34.65					31.88
		3.0	1.6031	37.93	F6	
7	120.71					24.58
		2.79	1			
8	39.18					19.14
		4.0	1.5199	69.14	FK11	
9	−2868.0					15.86
		4.8	1			
10	144.4					20.88
		12.4	1.5199	69.14	FK11	
11	−28.19					28.58
		2.14	1			
12	−21.68					28.98
		3.0	1.6031	37.93	F6	
13	41.13					47.60
		16.25	1.6504	38.46	BF26	
14	−64.36					51.00
		42.65	1			
15	−33.74					67.48
		4.2	1.6130	60.57	TK14	
16	−76.23					109.38
		8.31	1			
17	∞					231.6
		8.0	1.5163	64.05	K8	
18	∞					243.2

$f' = 70.138; \quad S'_{F'} = 0.004$

孔径光阑距第 9 表面 1.15mm,直径 $\phi_D = 13.06$mm

(A. d. at 1.15mm from the 9th surface, $\phi_D = 13.06$mm)

"Russar-81ⁿ"物镜
(Objective Lens "Russar-81ⁿ")

$f' = 49.997 \quad S'_{F'} = 0.003 \quad 2\omega = 136° \quad D/f' = 1 : 8$

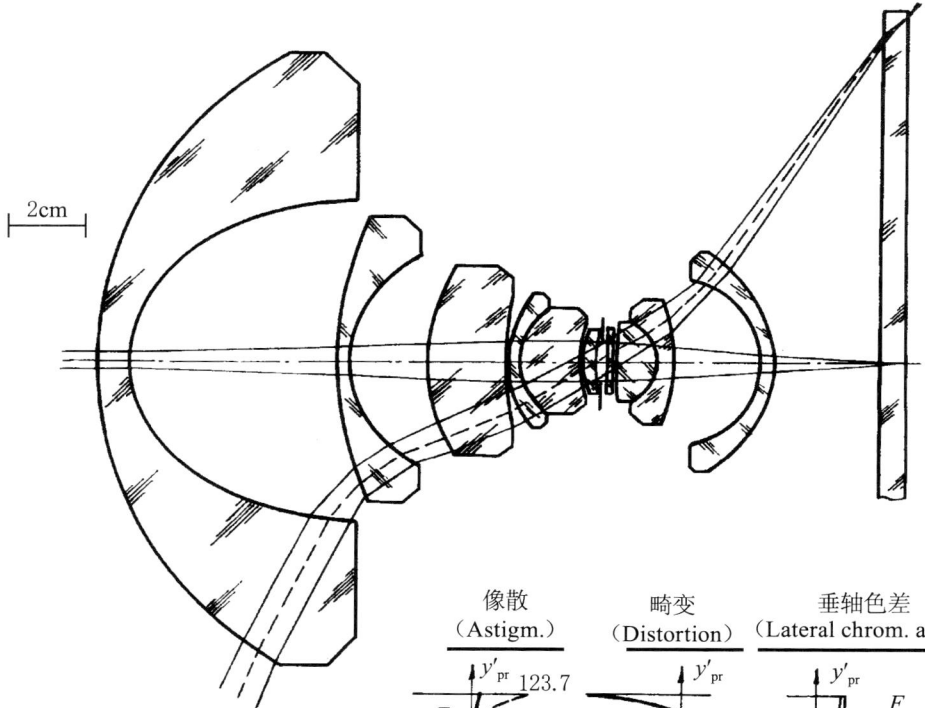

2cm

球差
（Spher.aber.）

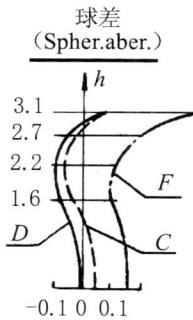

像散
（Astigm.）

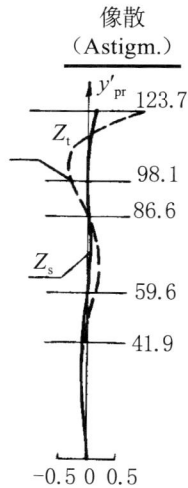

畸变
（Distortion）

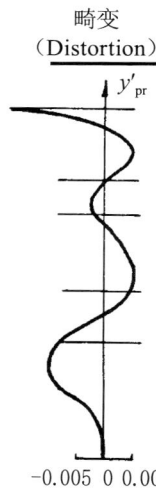

垂轴色差
（Lateral chrom. aber.）

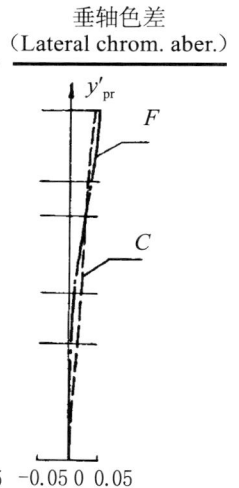

"Russar-81^n"镜头结构参数
(Constructive Dates of "Russar-81^n")

表 89

(Table 89)

透镜表面序号 (Surface No.)	r	d	n_D	ν_D	玻璃牌号 (Sort of glass)	ϕ_D
1	126.12					218.00
2	44.26*	11.1	1.6126	58.34	TK16	116.60
3	131.83	72.59	1			99.86
4	41.19	4.0	1.7172	29.50	TF3	73.60
5	63.07	27.21	1			65.78
6	119.95	28.0	1.7172	29.50	TF3	46.26
7	37.77	0.2	1			43.02
8	23.05	4.0	1.6594	57.33	STK3	35.76
9	33.62	21.0	1.5401	44.86	LF12	19.30
10	29.22	0.2	1			18.76
11	−637.84	3.8	1.5163	64.05	K8	16.06
12	∞	3.5	1			18.02
13	∞	2.0	1.5163	滤光片 (Light filter)	K8	20.28
14	253.51	0.1	1			20.98
15	−15.0	15.1	1.5163	64.05	K8	27.40
16	−68.48	6.1	1.6137	34.57	F9	41.40
17	−30.08	30.0	1			58.38
18	−45.14	4.0	1.7172	29.50	TF3	75.98
19	∞	36.91	1			236.6
20	∞	8.7	1.5163	64.05	K8	247.6

$f'=49.997$；$\quad S'_{F'}=0.003$

孔径光阑距第 11 表面 1.15mm,直径 $\phi_D=12.82$mm

(A. d. at 1.15mm from the 11th surface, $\phi_D=12.82$mm)

*非球面表面方程(Aspherical surface is formed by the equation)：

$y^2=88.52z-0.600998z^2-0.7812\cdot10^{-5}z^3+0.59283\cdot10^{-5}z^4$

$\qquad -0.80355\cdot10^{-7}z^5+0.82637\cdot10^{-9}z^6-0.1469\cdot10^{-13}z^7-0.3259\cdot10^{-14}z^8$

"Russar-82^{PR}-100"物镜
(Objective Lens "Russar-82^{PR}-100")

$$f' = 100.689 \quad S'_{F'} = -2.504 \quad 2\omega = 80° \quad D/f' = 1 : 3$$

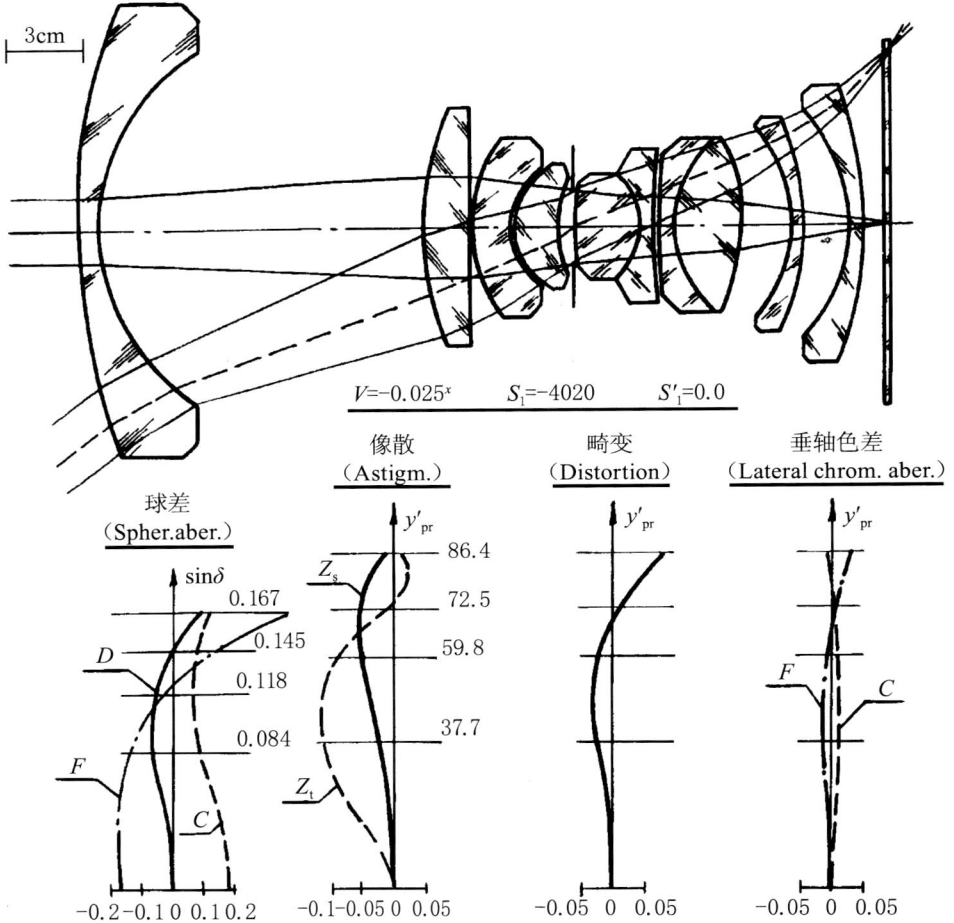

$$V = -0.025^x \quad S_1 = -4020 \quad S'_1 = 0.0$$

球差
(Spher.aber.)

像散
(Astigm.)

畸变
(Distortion)

垂轴色差
(Lateral chrom. aber.)

这种投影镜头应工作在反向光路之下,其放大率为(Projection objective lens is operated in the backward ray trace,amplification range of these lenses is)

$$V = -40\times$$

图示光学系统针对正向传播光路,像差曲线则针对确定物距—4020mm,放大率 (Optical scheme and aberation curves are given for the forward ray trace,aberation curves are given with the fixed distance of —4020mm and amplification range)

$$V = -0.025\times$$

"Russar-82^{PR}-100"镜头结构参数
(Constructive Dates of "Russar-82^{PR}-100")

表 90

(Table 90)

透镜表面序号 (Surface No.)	r	d	n_D	ν_D	玻璃牌号 (Sort of glass)	ϕ_D
1	312.26					222.46
		10.0	1.6126	58.34	TK16	
2	105.44					175.84
		156.0	1			
3	159.56					110.90
		24.2	1.7424	50.23	STK9	
4	−8020.6					102.04
		0.5	1			
5	78.1					85.44
		19.7	1.8078	41.37	TBF5	
6	35.95					57.94
		0.12	1			
7	35.90					57.88
		21.8	1.7424	50.23	STK9	
8	63.96					44.26
		8.3	1			
9	164.45					39.62
		31.8	1.6709	47.27	BF16	
10	−33.61					51.52
		7.0	1.7550	27.52	TF5	
11	500.0					65.72
		0.5	1			
12	500.0					66.62
		7.0	1.7424	50.23	STK9	
13	57.64					83.60
		32.0	1.7557	41.14	TBF3	
14	−96.14					86.20
		25.0	1			
15	−74.72					94.38
		6.0	1.6126	58.34	TK16	
16	−135.06					104.76
		22.8	1			
17	−84.45					114.26
		6.5	1.6126	58.34	TK16	
18	−222.8					135.80
		11.38	1			
19	∞					171.60
		1.6	1.5163	64.05	K8	
20	∞					173.40

$f' = 100.689$；　$S'_{F'} = -2.504$

孔径光阑距第 8 表面 8.0mm，直径 $\phi_D = 37.34$mm

(A. d. at 8.0mm from the 8th surface, $\phi_D = 37.34$mm)

"Russar-82^{PR}-50"物镜
(Objective Lens "Russar-82^{PR}-50")

$$f'=50.502 \quad S'_{F'}=1.262 \quad 2\omega=80° \quad D/f'=1:3$$

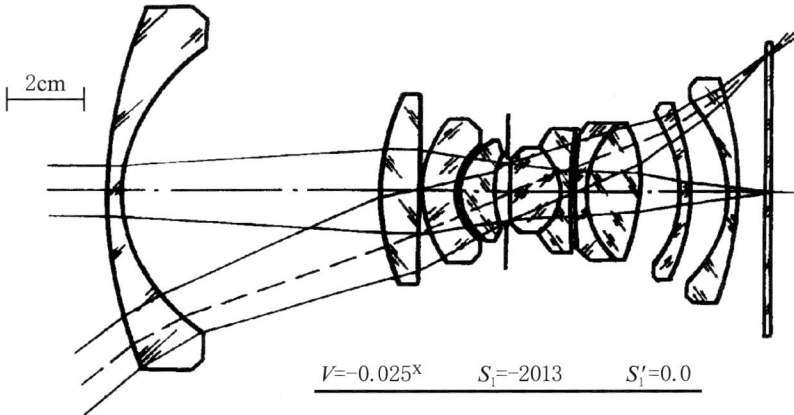

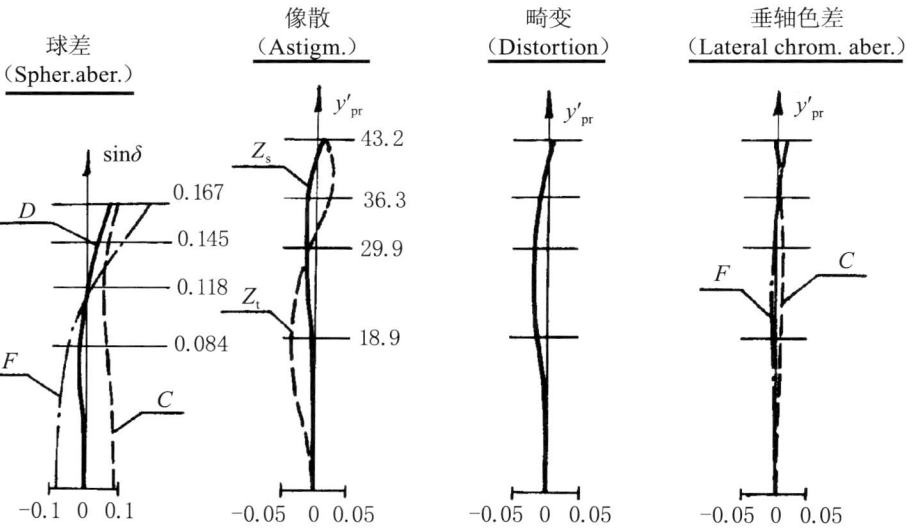

2cm

$$V=-0.025^{\text{X}} \quad S_1=-2013 \quad S'_1=0.0$$

| 球差
(Spher.aber.) | 像散
(Astigm.) | 畸变
(Distortion) | 垂轴色差
(Lateral chrom. aber.) |

$\sin\delta$

D

0.167

0.145

0.118

0.084

F　C

-0.1　0　0.1

y'_{pr}

Z_s

43.2

36.3

29.9

Z_t

18.9

-0.05　0　0.05

y'_{pr}

-0.05　0　0.05

y'_{pr}

F　C

-0.05　0　0.05

这种投影镜头应工作在反向光路之下，其放大率为（Projection objective lens is operated in the bachward ray trace, amplification range of these lenses is）

$$V=-40\times$$

图示光学系统针对正向传播光路，像差曲线则针对确定物距－2013mm，放大率（Optical scheme and aberation curves are given for the forward ray trace, aberation curves are given with the fixed distance of －2013mm and amplification range）

$$V=-0.025\times$$

"Russar-82^{PR}-50"镜头结构参数
(Constructive Dates of "Russar-82^{PR}-50")

表 91

(Table 91)

透镜表面序号 (Surface No.)	r	d	n_D	ν_D	玻璃牌号 (Sort of glass)	ϕ_D
1	154.17					112.78
2	53.41	5.0	1.6126	58.34	TK16	89.28
3	79.79	79.5	1			55.76
4	−4037.0	12.1	1.7424	50.23	STK9	51.32
5	39.08	0.25	1			42.86
6	18.0	9.85	1.8078	41.37	TBF5	29.02
7	18.0	0.1	1			28.98
8	31.65	10.9	1.7424	50.23	STK9	22.08
9	81.31	4.15	1			19.82
10	−16.84	15.9	1.6709	47.27	BF16	25.80
11	250.0	3.5	1.7550	27.52	TF5	32.92
12	250.0	0.25	1			33.38
13	28.79	3.5	1.7424	50.23	STK9	41.98
14	−48.06	16.0	1.7557	41.14	TBF3	43.20
15	−37.44	12.5	1			47.30
16	−67.20	3.0	1.6126	58.34	TK16	52.48
17	−42.25	11.4	1			57.24
18	−111.43	3.25	1.6126	58.34	TK16	68.02
19	∞	5.18	1			85.10
20	∞	1.6	1.5163	64.05	K8	86.74

$f' = 50.502；\quad S'_{F'} = -1.262$

孔径光阑距第 8 表面 4.0mm，直径 $\phi_D = 18.66$mm

(A. d. at 4.0mm from the 8th surface, $\phi_D = 18.66$mm)

"Russar-83ⁿ"物镜
(Objective Lens "Russar-83ⁿ")

$$f' = 36.109 \quad S'_{F'} = 0.002 \quad 2\omega = 148° \quad D/f' = 1 : 6.8$$

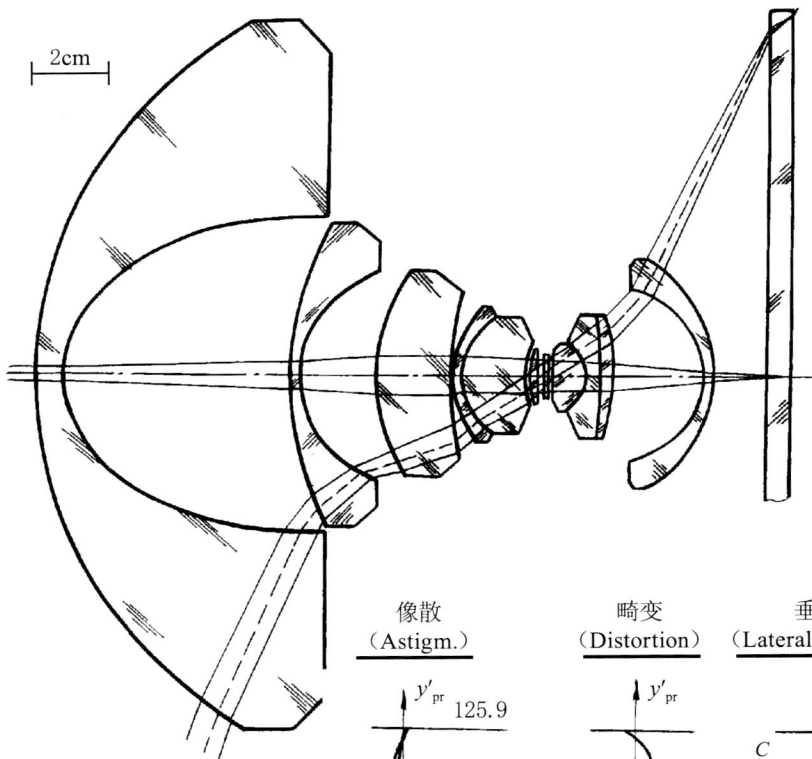

2cm

像散
(Astigm.)

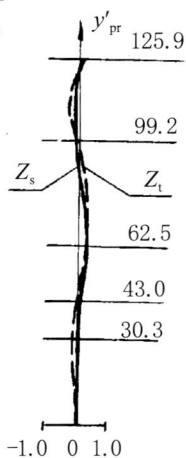

畸变
(Distortion)

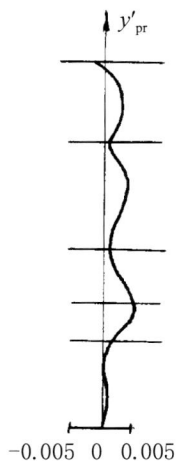

垂轴色差
(Lateral chrom. aber.)

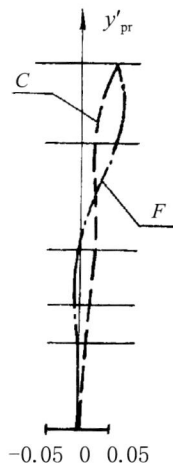

y'_{pr} 125.9

99.2

Z_s　　Z_t

62.5

43.0

30.3

y'_{pr}

y'_{pr}

C

F

球差
(Spher.aber.)

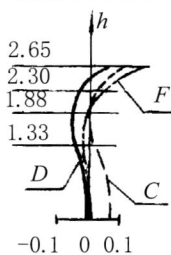

h

2.65
2.30
1.88
1.33

F

D　　C

-0.1　0　0.1

-1.0　0　1.0

-0.005　0　0.005

-0.05　0　0.05

"Russar-83ⁿ"镜头结构参数
(Constructive Dates of "Russar-83ⁿ")

表 92

(Table 92)

透镜表面序号 (Surface No.)	r	d	n_D	ν_D	玻璃牌号 (Sort of glass)	ϕ_D
1	142.82					244.32
		10.1	1.6084	65.21	TFK1	
2	39.88*					111.28
		75.79	1			
3	113.96					103.54
		3.2	1.7172	29.50	TF3	
4	38.30					72.76
		25.18	1			
5	60.33					68.22
		25.4	1.7172	29.50	TF3	
6	160.27					54.10
		0.15	1			
7	34.18					45.82
		3.6	1.6594	57.33	STK3	
8	23.26					38.54
		21.3	1.5401	44.86	LF12	
9	22.47					20.16
		0.2	1			
10	21.41					19.80
		4.7	1.5163	64.05	K8	
11	−470.5					16.74
		1.42	1			
12	∞					11.26
		1.7	1.5163	滤光片	K8	
13	∞			(Light filter)		13.56
		0.96	1			
14	210.65					17.26
		11.9	1.5163	64.05	K8	
15	−13.0					23.20
		3.9	1.6137	34.57	F9	
16	−164.4					37.06
		3.9	1.6126	58.34	TK16	
17	−68.48					39.82
		31.56	1			
18	−29.79					58.96
		2.9	1.7030	49.68	STK8	
19	−46.10					79.66
		17.07	1			
20	∞					240.4
		8.0	1.5163	64.05	K8	
21	∞					252.0

$f' = 36.109$； $S'_{F'} = 0.002$

孔径光阑与第 12 表面重合,直径 $\phi_D = 11.26\text{mm}$

(A. d. coincides with the 12th surface, $\phi_D = 11.26\text{mm}$)

* 非球面表面方程(Aspherical surface is formed by the equation):

$$y^2 = 79.76z - 0.5239z^2 - 0.5994 \cdot 10^{-3}z^3 + 0.2791 \cdot 10^{-4}z^4 - 0.76718 \cdot 10^{-6}z^5$$
$$+ 0.12936 \cdot 10^{-7}z^6 - 0.11101 \cdot 10^{-9}z^7 + 0.40225 \cdot 10^{-12}z^8$$

"Russar-88"物镜
(Objective Lens "Russar-88")

$$f' = 99.996 \quad S'_{F'} = 0.008 \quad 2\omega = 103° \quad D/f' = 1 : 5$$

2cm

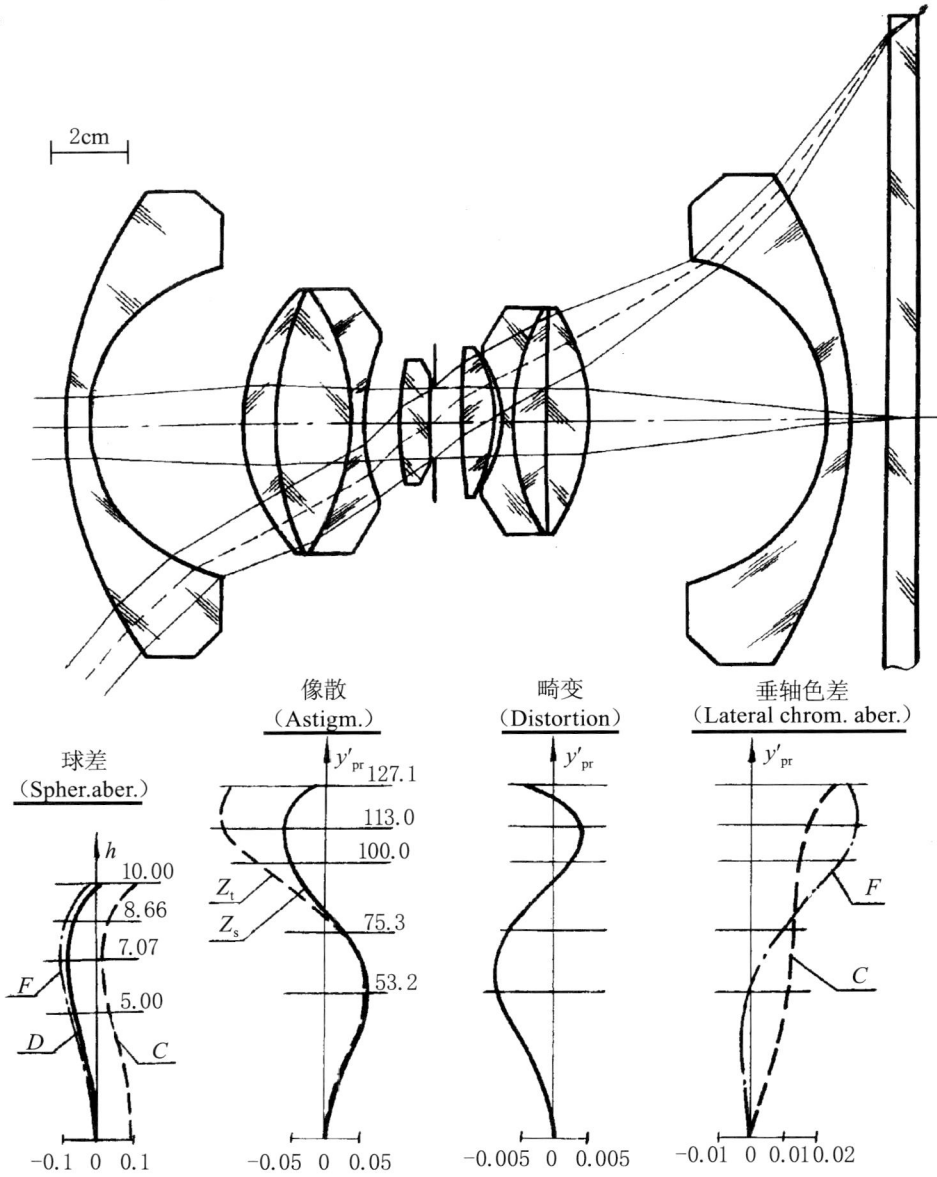

球差
（Spher.aber.）

像散
（Astigm.）

畸变
（Distortion）

垂轴色差
（Lateral chrom. aber.）

"Russar-88"镜头结构参数
(Constructive Dates of "Russar-88")

表 93

(Table 93)

透镜表面序号 (Surface No.)	r	d	n_D	ν_D	玻璃牌号 (Sort of glass)	ϕ_D
1	125.89					144.44
		7.0	1.6130	60.57	TK14	
2	50.19					97.78
		47.36	1			
3	61.26					81.12
		10.2	1.6486	31.58	TF11	
4	103.34					78.38
		23.5	1.6568	51.11	TK21	
5	−74.05					71.24
		3.1	1.5800	38.00	LF9	
6	63.79					49.20
		11.5	1			
7	101.02					36.08
		9.9	1.4874	70.02	LK3	
8	567.6					26.76
		8.46	1			
9	180.92					38.62
		11.2	1.4874	70.02	LK3	
10	−48.37					43.42
		2.2	1			
11	−37.48					43.72
		2.95	1.5800	38.00	LF9	
12	70.15					63.04
		10.0	1.6504	38.46	BF26	
13	622.0					66.30
		14.34	1.6594	57.33	STK3	
14	−65.64					69.60
		72.56	1			
15	−52.59					102.14
		6.6	1.6130	60.57	TK14	
16	−142.82					152.34
		11.26	1			
17	∞					244.08
		8.0	1.5163	64.05	K8	
18	∞					254.18

$f' = 99.996$; $S'_{F'} = 0.008$

孔径光阑距第 8 表面 1.9mm,直径 $\phi_D = 23.28$mm

(A. d. at 1.9mm from the 8th surface, $\phi_D = 23.28$mm)

"Russar-89"物镜
(Objective Lens "Russar-89")

$f' = 69.836 \quad S'_{F'} = 0.002 \quad 2\omega = 120° \quad D/f' = 1 : 5$

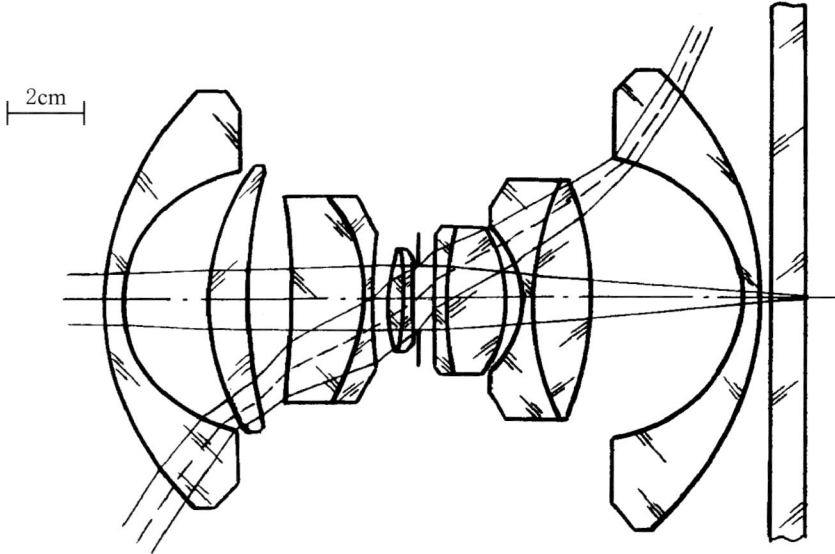

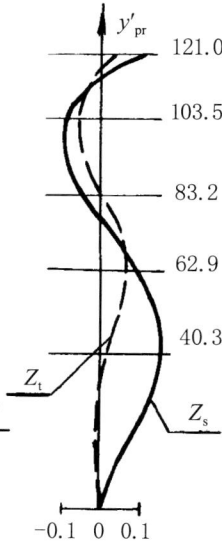

球差 (Spher.aber.)	像散 (Astigm.)	畸变 (Distortion)	垂轴色差 (Lateral chrom. aber.)

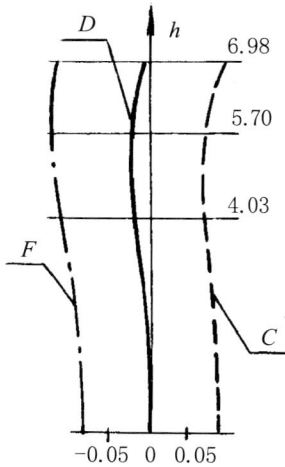

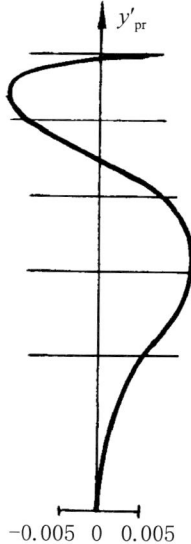

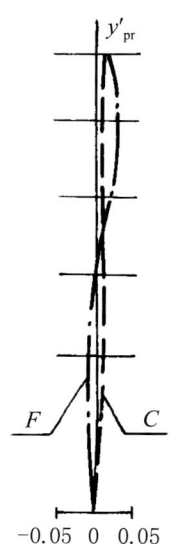

"Russar-89"镜头结构参数
(Constructive Dates of "Russar-89")

表 94
(Table 94)

透镜表面序号 (Surface No.)	r	d	n_D	ν_D	玻璃牌号 (Sort of glass)	ϕ_D
1	78.71					109.06
		4.66	1.6130	60.57	TK14	
2	35.30					70.20
		22.93	1			
3	66.56					69.00
		9.57	1.7172	59.50	TF3	
4	138.2					64.58
		10.7	1			
5	−327.2					53.58
		19.0	1.6568	51.11	TK21	
6	−48.37					40.96
		3.08	1.6137	34.57	F9	
7	201.3					33.64
		3.6	1			
8	45.55					26.46
		4.5	1.6130	60.57	TK14	
9	−62.61					25.06
		2.3	1.5175	51.13	KF7	
10	∞					20.62
		5.3	1			
11	567.6					25.14
		3.7	1.5175	51.13	KF7	
12	91.31					29.76
		15.8	1.6130	60.57	TK14	
13	−38.42					38.04
		3.8	1			
14	−26.13					38.36
		2.8	1.6031	37.93	F6	
15	75.15					58.46
		15.86	1.6504	38.46	BF26	
16	−83.30					62.60
		39.0	1			
17	−37.77					75.36
		4.12	1.6130	60.57	TK14	
18	−86.71					119.96
		2.83	1			
19	∞					229.0
		9.0	1.5163	64.05	K8	
20	∞					242.2

$$f' = 69.836; \quad S'_{F'} = -0.002$$

孔径光阑距第 10 表面 1.2mm，直径 $\phi_D = 17.38\text{mm}$

(A. d. at 1.2mm from the 10th surface, $\phi_D = 17.38\text{mm}$)

"Russar-91"物镜
(Objective Lens "Russar-91")

$$f' = 99.988 \quad S'_{F'} = 13.523 \quad 2\omega = 100° \quad D/f' = 1 : 4.5$$

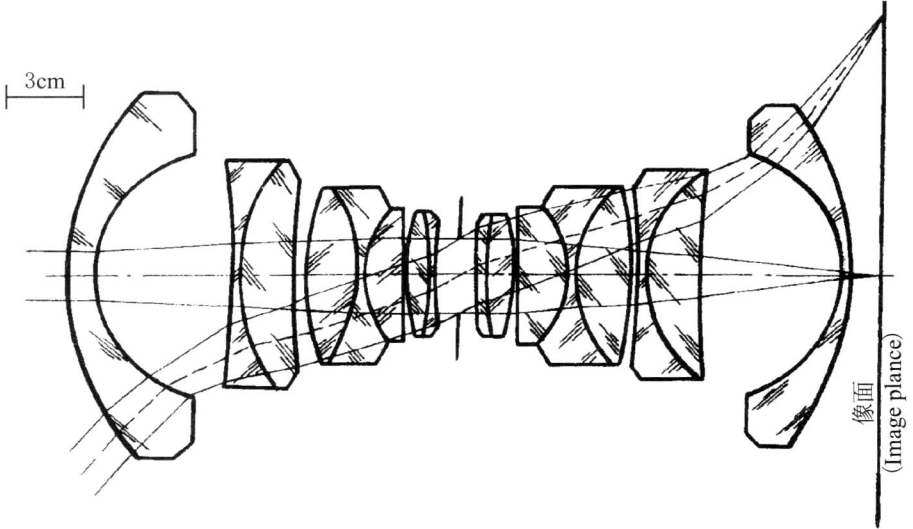

3cm

像面
(Image plance)

球差 (Spher.aber.)	像散 (Astigm.)	畸变 (Distortion)	垂轴色差 (Lateral chrom. aber.)

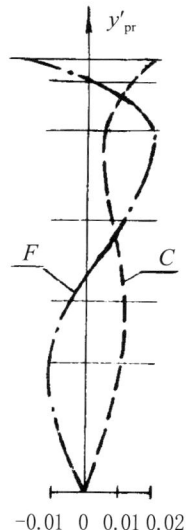

球差
（Spher.aber.）

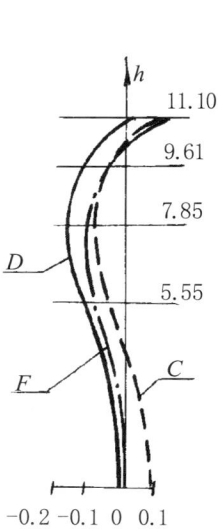

h

11.10

9.61

7.85

5.55

D

F

C

−0.2 −0.1 0 0.1

像散
（Astigm.）

y'_{pr} 119.1
113.0

100.0

75.3

53.2

Z_t

Z_s

−0.5 0 0.5

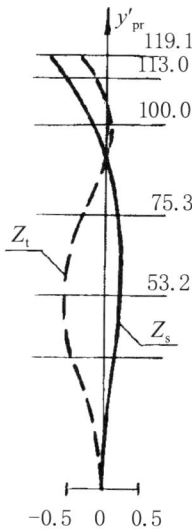

畸变
（Distortion）

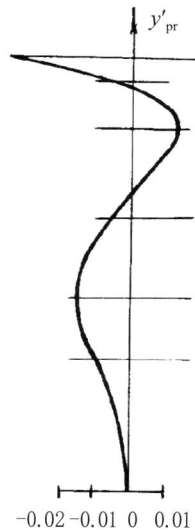

y'_{pr}

−0.02 −0.01 0 0.01

垂轴色差
（Lateral chrom. aber.）

y'_{pr}

F

C

−0.01 0 0.01 0.02

"Russar-91"镜头结构参数
(Constructive Dates of "Russar-91")

表 95

(Table 95)

透镜表面序号 (Surface No.)	r	d	n_D	ν_D	玻璃牌号 (Sort of glass)	ϕ_D
1	125.55					161.48
		11.5	1.6130	60.57	TK14	
2	57.24					110.54
		60.44	1			
3	−397.9					97.00
		3.16	1.6130	60.57	TK14	
4	89.3					89.50
		24.1	1.6137	34.57	F9	
5	557.4					83.86
		5.64	1			
6	131.6					78.04
		22.14	1.7440	50.40	STK19	
7	−72.22					74.52
		3.16	1.7378	48.09	STK10	
8	45.79					59.60
		19.11	1.6140	40.02	BF21	
9	∞					55.28
		0.63	1			
10	137.23					52.38
		10.04	1.7440	50.40	STK19	
11	−142.8					48.70
		3.16	1.7398	28.15	TF4	
12	425.5					44.72
		17.42	1			
13	1580.8					44.12
		4.22	1.7398	28.15	TF4	
14	132.3					48.16
		11.19	1.7440	50.40	STK19	
15	−103.9					51.82
		0.63	1			
16	∞					54.72
		23.19	1.5638	60.75	TK1	
17	−44.48					60.00
		3.16	1.6625	41.77	OF5	
18	54.76					75.76
		24.25	1.7092	54.76	STK15	
19	−251.8					78.36
		4.04	1			
20	−382.4					80.94
		3.16	1.6130	60.57	TK14	
21	58.77					92.00
		24.1	1.6137	34.57	F9	
22	479.1					93.68
		62.02	1			
23	−57.63					109.82
		4.24	1.6130	60.57	TK14	
24	−132.4					150.34

$f' = 99.988$; $S'_{F'} = 13.523$

孔径光阑距第 12 表面 9.6mm,直径 $\phi_D = 33.74$mm

(A. d. at 9.6mm from the 12th surface, $\phi_D = 33.74$mm)

"Russar-92"物镜
(Objective Lens "Russar-92")

$$f' = 69.858 \quad S'_{F'} = 0.00 \quad 2\omega = 120° \quad D/f' = 1 : 4.5$$

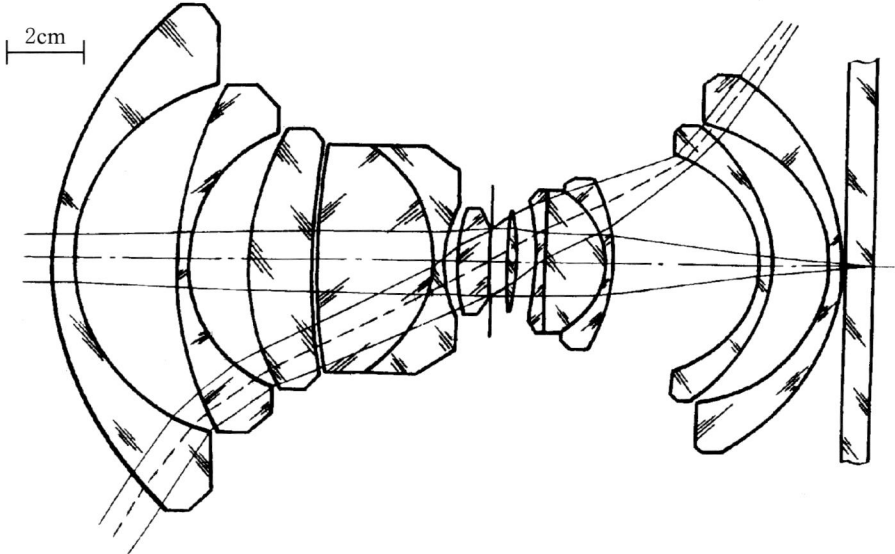

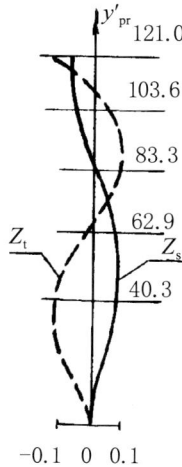

球差 (Spher.aber.)	像散 (Astigm.)	畸变 (Distortion)	垂轴色差 (Lateral chrom. aber.)

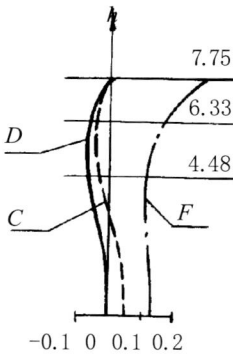

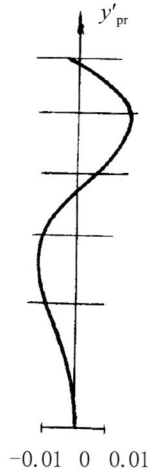

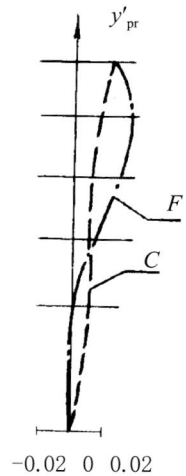

"Russar-92"镜头结构参数
(Constructive Dates of "Russar-92")

表 96

(Table 96)

透镜表面序号 (Surface No.)	r	d	n_D	ν_D	玻璃牌号 (Sort of glass)	ϕ_D
1	110.86					163.82
		5.75	1.5004	66.01	K2	
2	58.96					115.40
		33.31	1			
3	125.0					114.62
		3.82	1.5004	66.01	K2	
4	45.84					85.20
		19.5	1			
5	86.13					84.10
		20.98	1.7172	29.50	TF3	
6	230.3					72.90
		0.67	1			
7	228.8					72.06
		38.66	1.6123	44.08	OF3	
8	−44.24					45.28
		2.83	1.6137	34.57	F9	
9	44.11					34.02
		4.0	1			
10	56.14					31.34
		10.15	1.6130	60.57	TK14	
11	∞					24.98
		4.85	1			
12	86.7					33.26
		4.12	1.6038	60.62	TK13	
13	−70.77					33.62
		5.5	1			
14	−79.41					38.08
		3.2	1.6038	60.62	TK13	
15	∞					42.04
		19.77	1.6067	43.96	BF27	
16	−26.66					46.46
		3.2	1.7172	29.50	TF3	
17	−61.12					55.04
		46.0	1			
18	−37.67					72.80
		4.12	1.6140	55.11	TK8	
19	−55.38					90.18
		18.23	1			
20	−45.97					91.34
		4.12	1.6130	60.57	TK14	
21	−73.13					124.0
		0.42	1			
22	∞					230.2
		9.0	1.5163	64.05	K8	
23	∞					242.8

$f'=69.858$；$S'_{F'}=0.00$

孔径光阑距第 11 表面 1.2mm,直径 $\phi_D=23.18mm$

(A. d. at 1.2mm from the 11th surface, $\phi_D=23.18mm$)

"Russar-93"物镜
(Objective Lens "Russar-93")

$$f' = 100.045 \quad S'_{F'} = 16.509 \quad 2\omega = 100° \quad D/f' = 1 : 4.5$$

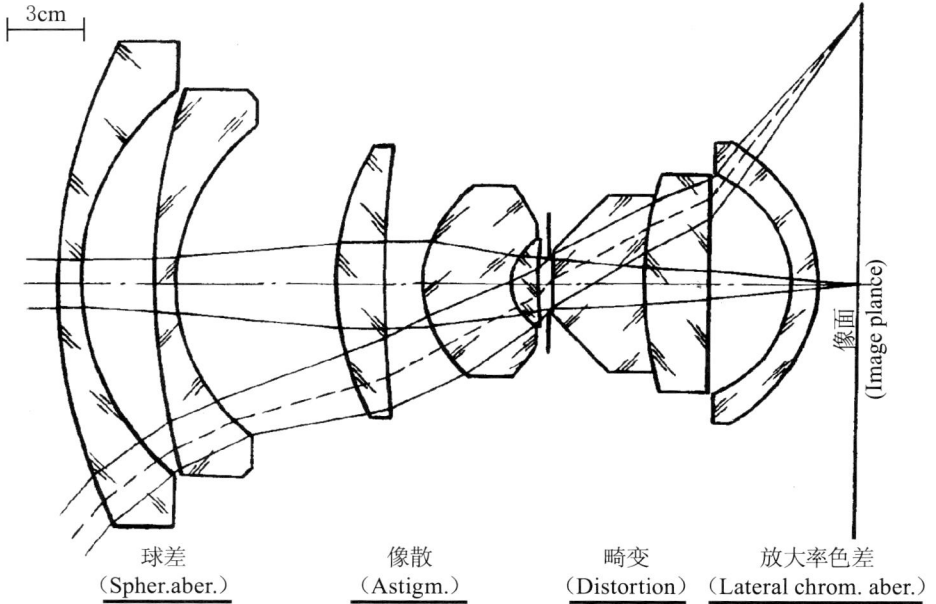

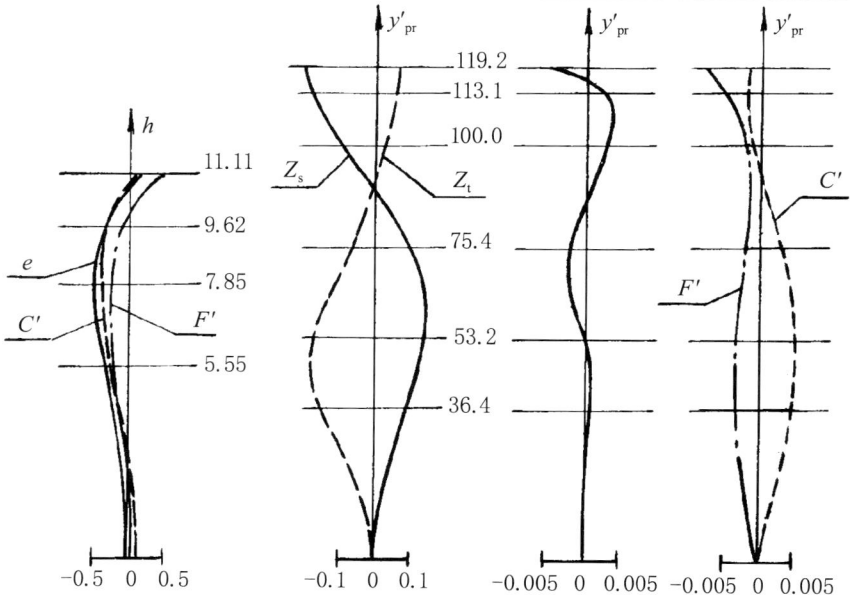

3cm

（Image plance）
像面

球差
（Spher.aber.）

像散
（Astigm.）

畸变
（Distortion）

放大率色差
（Lateral chrom. aber.）

h
11.11
9.62
e
7.85
C' F'
5.55

-0.5   0   0.5

y'_{pr}
119.2
113.1
100.0
Z_s Z_t
75.4
53.2
36.4

-0.1   0   0.1

y'_{pr}

-0.005   0   0.005

y'_{pr}
C'
F'

-0.005   0   0.005

"Russar-93"镜头结构参数
(Constructive Dates of "Russar-93")

表 97

(Table 97)

透镜表面序号 (Surface No.)	r	d	n_e	ν_e	玻璃牌号 (Sort of glass)	ϕ_D
1	241.0					211.40
2	110.15	9.3	1.6155	60.34	TK14	169.26
3	346.7	32.86	1			164.90
4	88.31	8.25	1.6152	58.09	TK16	135.14
5	123.59	67.36	1			116.86
6	731.1	21.1	1.6155	60.34	TK14	111.64
7	52.36	16.0	1			80.80
8	21.04	36.35	1.8138	25.17	TF10	37.50
9	211.3	12.85	1.6155	60.34	TK14	34.78
10	∞	6.06	1			26.80
11	159.22	37.55	1.5489	62.58	BK8	72.68
12	10765.0	29.5	1.7836	37.82	TBF4	93.66
13	-52.36	34.12	1			96.78
14	-70.47	10.85	1.6950	54.81	STK12	120.86

$f' = 100.045$; $S'_{F'} = 16.509$

孔径光阑距第 9 表面 4.6mm,直径 $\phi_D = 23.5$mm

(A. d. at 4.6mm from the 9th surface, $\phi_D = 23.5$mm)

195

"Russar-94"物镜
(Objective Lens "Russar-94")

$f' = 100.020 \quad S'_{F'} = 11.902 \quad 2\omega = 100° \quad D/f' = 1 : 4.5$

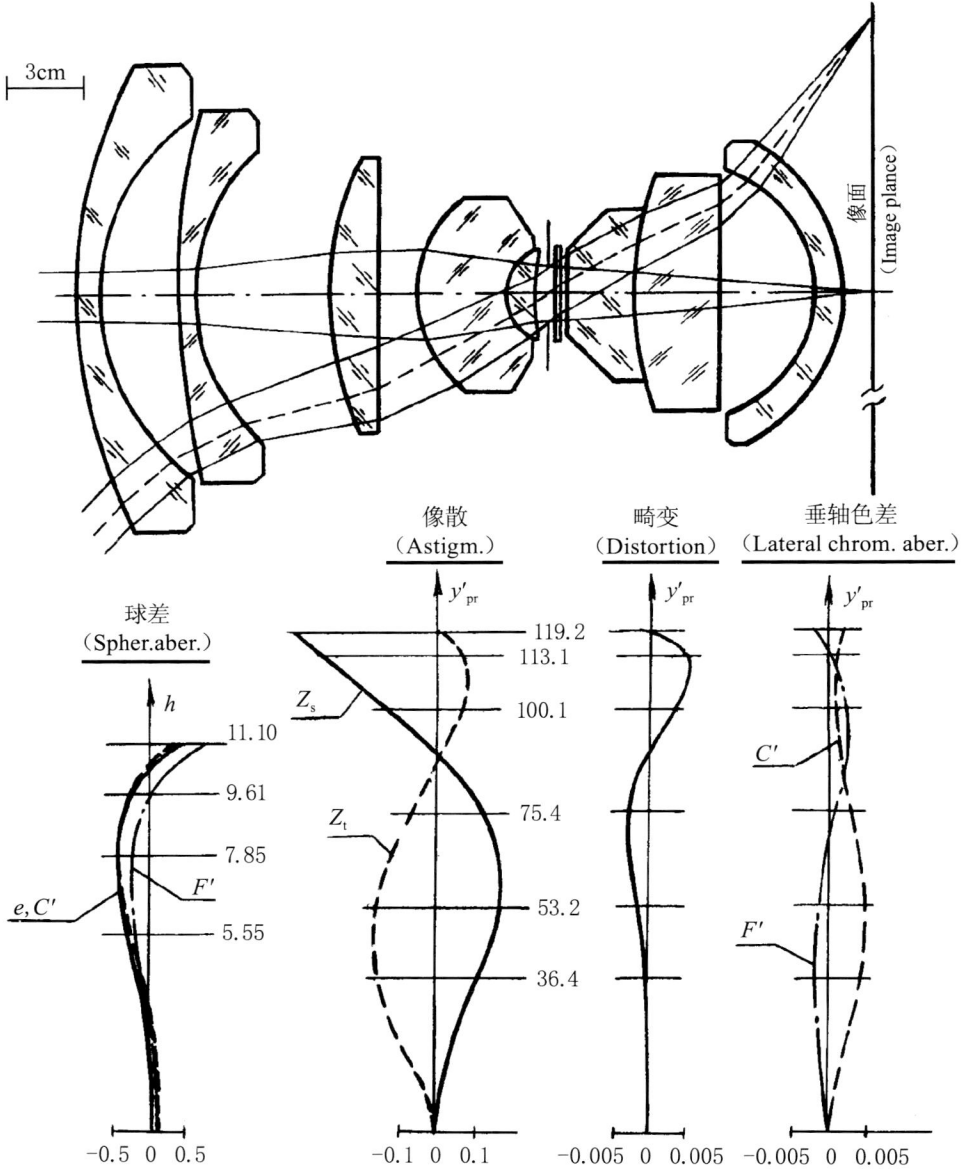

球差
（Spher.aber.）

像散
（Astigm.）

畸变
（Distortion）

垂轴色差
（Lateral chrom. aber.）

"Russar-94"镜头结构参数
(Constructive Dates of "Russar-94")

表 98

(Table 98)

透镜表面序号 (Surface No.)	r	d	n_e	ν_e	玻璃牌号 (Sort of glass)	ϕ_D
1	224.9					197.86
		9.3	1.6155	60.34	TK14	
2	97.27					155.06
		32.25	1			
3	343.6					152.16
		8.3	1.6155	60.34	TK14	
4	84.33					125.88
		55.28	1			
5	138.36					113.34
		21.1	1.6155	60.34	TK14	
6	1406.0					108.06
		16.55	1			
7	51.05					79.34
		36.46	1.8138	25.17	TF10	
8	20.75					37.18
		13.51	1.6155	60.34	TK14	
9	244.9					33.94
		6.76	1			
10	∞				滤光片	29.62
		3.0	1.5183		(Light filter) K8	
11	∞					32.90
		1.0	1			
12	3499.0					35.14
		27.37	1.5489	62.58	BK8	
13	153.46					68.10
		37.22	1.7836	37.82	TBF4	
14	6081.0					94.90
		38.73	1			
15	−53.83					100.98
		12.0	1.6155	60.34	TK14	
16	−74.47					128.40

$f' = 100.020;\quad S'_{F'} = 11.902$

孔径光阑距第 9 表面 4.2mm,直径 $\phi_D = 24.16$mm

(A. d. at 4.2mm from the 9th surface, $\phi_D = 24.16$mm)

"Russar-98"物镜
(Objective Lens "Russar-98")

$$f'_{C'} = 174.870 \quad S'_{F'} = 108.411 \quad 2\omega = 40° \quad D/f' = 1 : 5.6$$

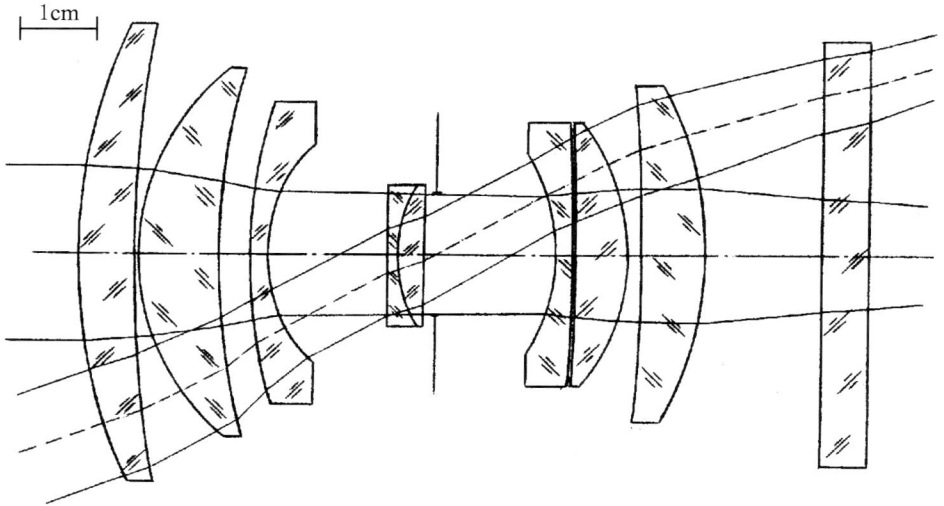

1cm

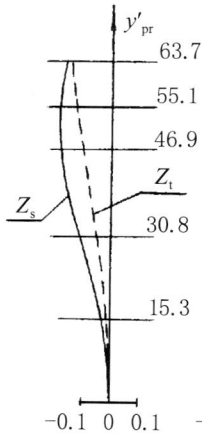

球差 (Spher.aber.)	像散 (Astigm.)	畸变 (Distortion)	垂轴色差 (Lateral chrom. aber.)

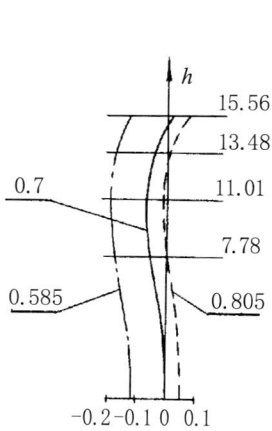

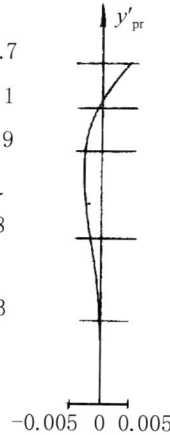

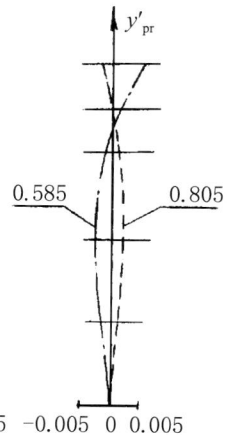

h

15.56
13.48
0.7
11.01
7.78
0.585
0.805

-0.2 -0.1 0 0.1

y'_{pr}
63.7
55.1
46.9
Z_t
Z_s
30.8
15.3

-0.1 0 0.1

y'_{pr}

-0.005 0 0.005

y'_{pr}
0.585
0.805

-0.005 0 0.005

"Russar-98"镜头结构参数
(Constructive Dates of "Russar-98")

表 99

(Table 99)

透镜表面序号 (Surface No.)	r	d	$n_{0.7}$	n_D	ν_D	玻璃牌号 (Sort of glass)	ϕ_D
1	97.05						79.92
2	233.3	9.8	1.57589	1.5799	65.08	FK14	76.48
3	42.66	0.9	1				63.44
4	118.85	13.53	1.57589	1.5799	65.08	FK14	58.92
5	97.92	5.35	1				47.96
6	27.16	3.04	1.60617	1.6123	44.08	OF3	37.30
7	∞	20.5	1				21.82
8	25.0	2.0	1.60617	1.6123	44.08	OF3	21.42
9	∞	4.5	1.60071	1.6067	43.96	BF27	21.38
10	-34.12	22.52	1				33.20
11	-370.7	3.04	1.60617	1.6123	44.08	OF3	40.76
12	-336.5	0.6	1				41.90
13	-38.99	9.0	1.57589	1.5799	65.08	FK14	44.84
14	-325.8	2.0	1				52.94
15	-64.71	10.7	1.57589	1.5799	65.08	FK14	56.48
16	∞	20.0	1				69.92
17	∞	8.0	1.65116	1.6568	51.11	TK21	72.16

$f'_{0.7}=174.870$; $S'_{F'}=108.411$

孔径光阑距第 9 表面 2.0mm，直径 $\phi_D=21.34$mm

(A. d. at 2.0mm from the 9th surface, $\phi_D=21.34$mm)

"Russar-104"物镜
(Objective Lens "Russar-104")

$f' = 300.003 \quad S'_{F'} = 143.292 \quad 2\omega = 57° \quad D/f' = 1 : 4$

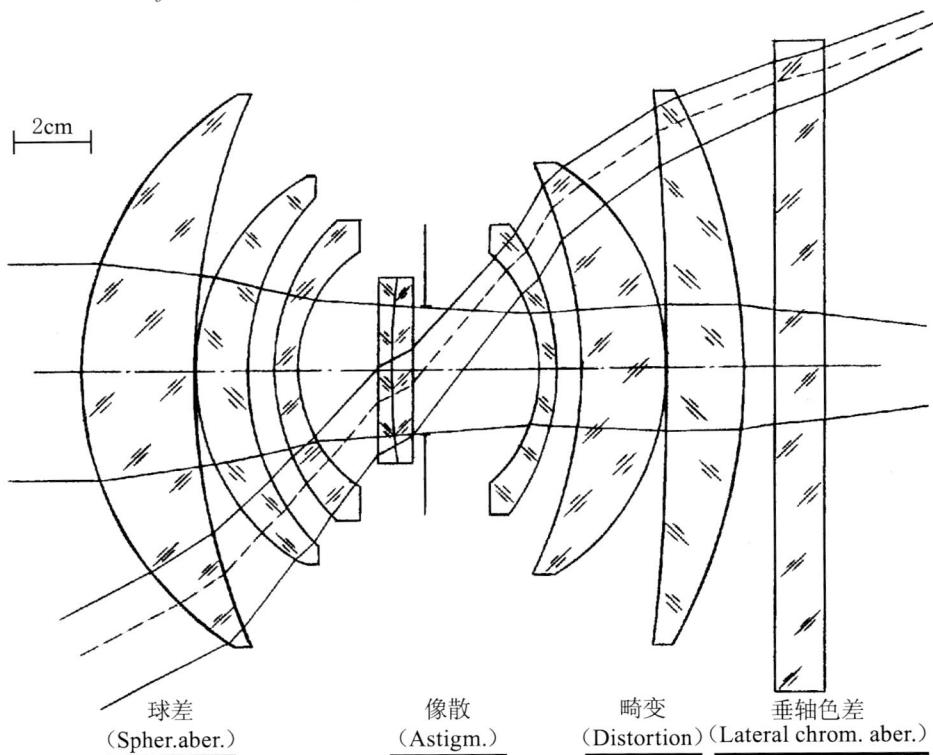

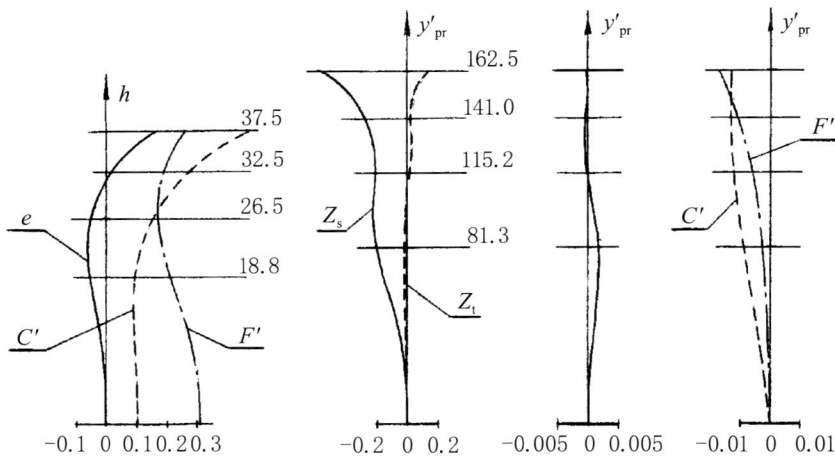

球差	像散	畸变	垂轴色差
（Spher.aber.）	（Astigm.）	（Distortion）	（Lateral chrom. aber.）

"Russar-104"镜头结构参数
(Constructive Dates of "Russar-104")

表 100

(Table 100)

透镜表面序号 (Surface No.)	r	d	n_e	ν_e	玻璃牌号 (Sort of glass)	ϕ_D
1	114.82					188.00
2	246.6	38.0	1.6622	51.09	STK3	178.46
3	79.25	0.17	1			131.28
4	88.31	17.2	1.6622	51.09	STK3	117.90
5	75.16	8.73	1			99.84
6	50.12	7.87	1.7617	27.32	TF5	79.36
7	∞	26.3	1			63.48
8	220.8	4.7	1.7617	27.32	TF5	57.28
9	∞	7.2	1.6622	51.09	STK3	51.96
10	−54.83	41.75	1			80.44
11	−87.3	6.15	1.7617	27.32	TF5	97.74
12	−161.44	9.16	1			127.32
13	−86.3	27.95	1.7476	50.21	STK19	138.36
14	−883.1	0.14	1			180.14
15	−213.3	25.0	1.6744	47.00	BF16	186.86
16	∞	10.0	1			210.40
17	∞	17.0	1.5183	63.83	K8	218.40

$f' = 300.003$； $S'_{F'} = 143.292$

孔径光阑距第 9 表面 4.0mm,直径 $\phi_D = 43.04$mm

(A. d. at 4.0mm from the 9th surface，$\phi_D = 43.04$mm)

201

航摄光学镜头"Russar"一览表

序号 （No.）	镜头型号 （Lens type）	焦距 （Focal length） f'/mm	后截距 （Second vertex focal length） S_F'/mm	视场角 （Angular field of view） 2ω（°）	相对孔径 （Relative aperture） D/f'	视场照 度分布 （Distribution of field illumination） $\cos\omega$	设计日期 （Date of computation） /Y	制造日期 （Date of fabrication） /Y
1	Russar-1	97	76	110	1：5.7	5.2	1934	1935
2	Russar-2	100	68	110	1：5	5.7	1935	
3	Russar-3	135	108	90	1：3.5	5.1	1935	1935
4	Russar-4	100	80	110	1：6.3	5.2	1935	
5	Russar-5	135	113	90	1：4.5	5.0	1936	1936
6	Russar-6	125	105	92	1：4.5	5.0	1936	1936
7	Russar-7	149	124	80	1：4.7	5.2	1937	
8	Russar-8	100	85	100	1：5.7	5.1	1937	1937
9	Russar-9	210	176	65	1：5.2	5.3	1937	
10	Russar-10	210	177	65	1：5.5	5.3	1937	
11	Russar-13	100	73	103	1：5	5.4	1937	1937
12	Russar-15	100	62	100	1：3.7	3.0	1937	1938
13	Russar-16	61	50	126	1：12	5.0	1937	1938
14	Russar-17	100	76	104	1：5.6	5.2	1938	
15	Russar-18	209	174	93	1：5.5	5.4	1938	
16	Russar-19	100	77	103	1：6.3	5.2	1938	1939
17	Russar-20	73	59	120	1：8	5.1	1938	1938
18	Russar-21	59	32	133	1：18	3.0	1939	1939
19	Russar-22	70	37	122	1：8	3.1	1939	1940
20	Russar-23	60	34	140	1：8	3.0	1940	1940
21	Russar-24	60	34	140	1：8	3.0	1940	1940
22	Russar-25	97	58	110	1：6.3	3.0	1940	1941
23	Russar-25ᵃ	70	41	122	1：6.8	3.0	1940	
24	Russar-28	71	40	122	1：6.8	2.9	1945	
25	Russar-28ᵃ	70	40	122	1：6.8	2.9	1945	
26	Russar-29	70	39	122	1：6.8	2.9	1945	1947
27	Russar-29ᵃ	70	38	122	1：6.8	2.9	1947	

序号 (No.)	镜头型号 (Lens type)	焦距 (Focal length) f'/mm	后截距 (Second vertex focal length) S'_F/mm	视场角 (Angular field of view) 2ω(°)	相对孔径 (Relative aperture) D/f'	视场照 度分布 (Distribution of field illumination) $\cos\omega$	设计日期 (Date of computation) /Y	制造日期 (Date of fabrication) /Y
28	Russar-29[b]	70	38	120	1:9	2.9	1960	1960
29	Russar-29[nb]	70	0	120	1:6.8	3.0	1967	
30	Russar-30	120	66	122	1:7.2	2.9	1945	1947
31	Russar-31	179	98	121	1:8	2.9	1945	1948
32	Russar-32[n]	36	31	148	1:8	2.0	1947	
33	Russar-33	100	54	122	1:6.8	2.9	1947	1949
34	Russar-34	200	135	93	1:6.8	2.8	1947	
35	Russar-35	200	135	65	1:9	2.8	1948	1949
36	Russar-36	100	55	103	1:9	3.0	1948	
37	Russar-37	50	13	137	1:12	2.3	1952	1952
38	Russar-38[n]	36	31	148	1:7.7	2.0	1953	1959
39	Russar-39[x]	36	0	123	1:6.8	2.9	1954	1954
40	Russar-40[x]	62	0	104	1:6.8	3.0	1955	1955
41	Russar-41	205	0	120	1:9	3.2	1955	
42	Russar-42	100	62	103	1:9	3.1	1955	
43	Russar-43	140	94	85	1:6.8	2.8	1956	1959
44	Russar-44	99	61	103	1:6.8	2.9	1956	
45	Russar-44[a]	99	61	103	1:6.8	2.9	1959	
46	Russar-44[b]	98	60	103	1:6.8	2.9	1959	1960
47	Russar-45	70	32	120	1:6.8	2.9	1959	
48	Russar-46	70	0	117	1:9	2.6	1957	
49	Russar-47[n]	49	42	137	1:7.5	1.8	1958	1958
50	Russar-48[n]	70	89	120	1:11	1.5	1958	1959
51	Russar-49	100	53	104	1:6.8	2.8	1958	
52	Russar-49[a]	100	53	103	1:6.8	2.8	1958	
53	Russar-49[b]	100	51	102	1:6.8	2.8	1959	1960
54	Russar-50[n]	54	44	137	1:9	2.1	1959	

序号 (No.)	镜头型号 (Lens type)	焦距 (Focal length) f'/mm	后截距 (Second vertex focal length) S'_F/mm	视场角 (Angular field of view) 2ω(°)	相对孔径 (Relative aperture) D/f'	视场照度分布 (Distribution of field illumination) $\cos\omega$	设计日期 (Date of computation) /Y	制造日期 (Date of fabrication) /Y
55	Russar-51-I	70	36	120	1:6.8	2.8	1959	
56	Russar-51-II	69	34	114	1:6.8	3.0	1959	
57	Russar-52^n	70	104	121	1:11	1.3	1960	1961
58	Russar-53^n	52	70	136	1:11.5	1.5	1960	
59	Russar-54	70	0	120	1:6.8	2.9	1961	1963
60	Russar-55	140	70	85	1:5.5	2.9	1961	1963
61	Russar-56^{RF}	70	29	85	1:4.5	2.9	1961	
62	Russar-57	101	0	103	1:6.8	2.9	1962	
63	Russar-58^n	49	58	137	1:9	1.5	1962	1964
64	Russar-59	72	33	122	1:6.8	2.9	1962	
65	Russar-60-I	71	0	120	1:6.8	2.4	1966	
66	Russar-60-II	70	0	120	1:6.8	2.4	1966	
67	Russar-61	140	0	85	1:5	2.9	1964	1965
68	Russar-62^n	50	0	135	1:9	1.5	1965	1967
69	Russar-63	100	0	103	1:6.8	3.0	1965	1967
70	Russar-64^n	70	0	120	1:8	1.4	1966	1968
71	Russar-65	101	0	103	1:5.5	2.9	1967	1967
72	Russar-66^{ML}	70	0.3	120	1:7.5	2.5	1969	
73	Russar-67	71	0	120	1:6.8	2.7	1969	1972
74	Russar-68	350	257	40	1:7	4.7	1970	1972
75	Russar-69^{ML}	70	219	120	1:6.8	2.4	1971	
76	Russar-70^{RF}	179	112	61	1:11	5.0	1971	1972
77	Russar-71	100	0	103	1:6.8	3.2	1973	1975
78	Russar-72	500	156	28	1:7.3	7.6	1973	
79	Russar-73	70	0	120	1:5.6	2.9	1973	1976
80	Russar-74	350	259	40	1:7	4.4	1973	
81	Russar-75	350	243	40	1:7	5.1	1973	

序号 (No.)	镜头型号 (Lens type)	焦距 (Focal length) f'/mm	后截距 (Second vertex focal length) S'_F/mm	视场角 (Angular field of view) 2ω (°)	相对孔径 (Relative aperture) D/f'	视场照 度分布 (Distribution of field illumination) $\cos\omega$	设计日期 (Date of computation) /Y	制造日期 (Date of fabrication) /Y
82	Russar-76[RF]	179	128	90	1 : 11	5.0	1973	
83	Russar-77	3000	73	8	1 : 6	4.0	1974	
84	Russar-78	4496	192	6	1 : 7	4.0	1975	
85	Russar-78[a]	4492	277	6	1 : 7	4.0	1975	
86	Tele-Russar	300	13	12	1 : 4	4.0	1974	1976
87	Russar-79	70	0	120	1 : 5.6	3.1	1975	
88	Russar-80	70	0	120	1 : 6.8	3.3	1975	1979
89	Russar-81[n]	50	0	136	1 : 8	1.7	1976	
90	Russar-82[PR]-100	101	−2.5	80	1 : 3	2.9	1976	
91	Russar-82[PR]-50	50	−1.3	80	1 : 3	2.9	1976	
92	Russar-83[n]	36	0	148	1 : 6.8	1.8	1978	
93	Russar-88	100	0	103	1 : 5	3.4	1981	
94	Russar-89	70	0	120	1 : 5	3.3	1981	
95	Russar-91	100	14	100	1 : 4.5	3.0	1983	
96	Russar-92	70	0	120	1 : 4.5	3.0	1981	
97	Russar-93	100	17	100	1 : 4.5	3.2	1985	1987
98	Russar-94	100	12	100	1 : 4.5	3.2	1988	
99	Russar-98	175	108	40	1 : 5.6	4.7	1990	
100	Russar-104	300	143	57	1 : 4	6.4	1997	